KB185166

나는 흔들리지 않는 부모로 살기로 했다

나는 흔들리지 않는 부모로 살기로 했다

책임과 자율이 함께 자라는 아이로 키우는 법

마르티나 슈토츠, 카티 베버 지음
김지유 옮김

Die Superkraft der liebevollen Führung

오랫동안 굳어진 과거의 방식에서 벗어나

아이들에게 조건 없는 사랑을 베풀며

비로소 성장하려는 모든 부모님에게

이 책을 바칩니다.

무엇보다, 부모의 욕구가 먼저다

오늘날 부모가 된다는 것은 과거 그 어느 때보다도 어렵고, 까다롭고, 복잡한 일이 되었으며 여러 학계에서도 부모 역할의 중요성에 대한 연구가 흔히 이루어지고 있다. 사실 과거에는 지금보다 여러 현실적인 어려움이 많았을지언정 적어도 아이를 돌보는 일만큼은 지금보다 훨씬 수월했다. 왜일까? 양육의 목표가 지금과 달랐기 때문이다.

예전에는 육아를 하며 자신감 가득한 아이로 키우거나, 아이 스스로 감정과 욕구를 알도록 가르치는 것, 아이의 개성을 펼치는 방법이 무엇인지에 대한 고민은 하지 않았다. 전쟁을 겪거나 막 전쟁을 끝내고 일상에 적응해야 했던 부모 세대에게는 가족이라는 제도가 정상적으로 작동하고 가족이 살아남도록 하는 일이 가장 중요한 가치였기 때문이다. 사실 그 세대의 부모가 육아에서 종종 강한 완력을 사용했던 이유도 단순히 가족이라는 제도를 유지하기 위해서만은 아니다. 당시에는 어릴 때부터 강하게 자라온 이만이 살아남을 수 있다거나 그러한 방식이 아이에 대한 사랑의 표현이고 아이를 지키고 보살피는 방법이라는 강한 믿음이 존재했다.

그 결과 그 세대의 양육자들은 아이와 부모가 서로 애착을 쌓고 아이의 욕구를 살피는 요즘 육아법을 보면 걱정하거나 당황한다. 그래서 손주가 부모를 제멋대로 휘두르는 작은 폭군으로 자라 나중에 사회에 적응하지 못할까 걱정하며 이러한 말들을 내뱉는다.

"옛날 같았으면 어림도 없는 일이다!"
"부모가 단호하게 행동해야지!"
"애한테 위아래를 확실히 알려줘야 한다!"
"애한테 그렇게 휘둘리면 안 되지!"
"그렇게 하다가 나중에 사회생활은 어찌하려고!"

우리와 상담을 진행하는 부모들은 대부분 이러한 언어와 정신에서 상당한 거리를 유지하고자 의식적으로 노력한다. 요즘의 젊은 부모는 과거 흔하게 이루어지던 신체·정서적 폭력에서 벗어나 이전 부모 세대와는 다른 방식으로 자존감 높은 아이를 양육하고자 한다. 물론 그렇다고 해서 현재의 부모가 자신의 부모님에게 감사하지 않는다는 의미는 아니다. 그저 어린 시절 자신의 경험을 돌아보고 더 나은 방식을 택하고자 할 뿐이다.

우리는 수년간 많은 상담을 통해 부모와 아이가 깊은 애착을 쌓도록 도왔다. 그중에는 체벌을 경험한 이도, 난 한 번도 경험하지 않은 이도 있다. 부모의 보상과 처벌 방식에 익숙한 사람들은 부모가 된 이후에야 비로소 그 경험이 자신에게 어떤 의미였는지를 깨닫는다. 그다음 자신이 속했던 가족들의 익숙한 행동에서 벗어나고 마침내 내가 꾸린 새로운 가족과 더 행복하게 살아가기 위한 방법을 찾아내기 위해 노력한다. 이 책에 소개된 수많은 예시와 상황은 모두 이들의 실제 경험담이다.

그런데 사실 많은 사람들이 부모가 된 다음에도 본인이 경험한 양육 방식에서 쉽게 벗어나지 못한다. 여러 이유가 있는데, 우선 심리학에서 말하는 반복 강박Repetition compulsion을 들 수 있다. 이는 어린 시절에 경험한 행동 방식을 성인이 되어서까지 무의식적으로 반복하는 형태를 말한다. 이러한 강박이 있는 경우 큰 스트레스를 받거나 오랫동안 불만족스러운 상황이 지속될 때 마치 누군가에게 조종이라도 당하는 것처럼 아이에게 소리를 지르거나 나쁜 말을 하거나, 최악의 경우 폭력을 휘두르게 된다. 이후 이러한 행동이 잘못되었음을 알고 있기에 엄청난 자책을 하며 괴로움을 느끼는 것이다.

어린 시절의 양육 방식에서 벗어나기 어려운 또 다른 이유는, 우리가 이상적인 부모가 되기 위해 따를 만한 역할 모델을 경험하지 못했기 때문이기도 하다. 현재 올바른 양육을 위해 노력하는 부모가 많지만 여전히 '욕구 지향(양육자가 아이와의 유대감을 바탕으로 아이의 욕구를 관찰하고 충족해 아이가 자율성과 감정 표현 방식을 배울 수 있는 환경을 조성하는 육아법. 이를 통해 아이는 자신의 욕구를 해결하는 법을 배우고 자기효능감을 느낄 수 있다.—옮긴이)'이 무엇인지, 그 단어조차 생소한 부모도 많다. 그래서 올바른 양육을 위해 노력하는 부모는 마치 아무도 없는 길을 혼자 걷는 것과 같은 외로움을 느끼기도, 그래서 나의 육아를 지지해 주고 함께할 누군가가 절실히 필요하다는 감정을 종종 느낀다.

이 과정에서 우리는 매우 익숙하고도 불길한 감정을 마주해야 한다. 바로 불안이다. 특히 아이가 나의 말을 잘 따라주지 않거나, 다른 아이와 비교했을 때 우리 아이가 유독 말썽을 피우는 것 같거나, 주변에서 "봐, 그렇게 자꾸 봐주니까 애가 버릇없이 구는 거야"와 같은 말을 할 때면 더더욱 불안해진다. 이러한 상황에서 아이와의 갈등이 자주 발생하거나 아이가 강렬한 감정을 내보이기라도 하면 내 양육 방식에 대한 확신은 순식간에 사라진다. 이때 어떻게 행동하는 것이 옳은지 가르쳐주는 롤모델이 있으면 좋으련만, 경험해 본 적이 없으니 불안은 사라질 기미도 없다.

과거 가장 흔한 양육 방식이었던 '보상과 처벌'에서 벗어나 '욕구 지향'적으로 아이를 양육하기 위해서는 세 가지가 필요하다. 첫째, 오래된 행동 패턴에서 완전히 벗어나기 위한 확실한 행동 전략. 둘째, 그 행동 전략을 실천할 때 길라잡이가 되어줄 역할 모델. 셋째, 이 책을 읽는 동안 우리가 배우게 될 확신이다.

이 책은 세 가지 조건을 모두 충족하고 부모가 올바른 훈육을 위해 따라야 할 기준으로 러빙 리더십Loving readership이라는 새로운 개념을 소개한다. 러빙 리더십이란 '사랑을 담은 훈육'을 실천하기 위한 행동으로 총 여섯 가지 전략을 포함한다. 책에서는 각각의 전략을 실천하는 부모가 직접 생각하고 기록할 수 있는 다양한 연습 문제도 제시하니 이 책을 읽는 동안 필기구를 꼭 지참하기 바란다. 연습이 중요하다고 말하는 이유는 사랑을 담은 러빙 리더십을 완전히 내 것으로 만들기 위해서는 의식하지 않고도 자연스럽게 행동할 수 있을 정도로 많은 연습이 필요하기 때문이다.

어쩌면 책을 읽으며 독서를 하는 것이 아니라 훈련 캠프에 온 것 같다는 느낌이 들 수도 있다. 그렇지만 이 캠프는 실수를 해도 괜찮으며, 그 실수에서 또 다른 배움을 얻는 곳이다. 그러니 편안한 마음으로 함께 시도해 보자.

지금의 부모를 위한 육아법, 러빙 리더십이란?

상담을 진행하면 조급함을 내비치는 부모를 자주 만난다. 이들이 이렇게 마음이 급한 이유는 첫날부터 모든 것을 잘 해내고 싶다는 욕심 때문이다. 이러한 조급함과 부담은 내려놓아도 괜찮다. 아이들과 동등한 눈높이로 관계를 맺는 데 늦은 때란 결코 없다. 인간의 뇌는 언제든 기꺼이 변화를 받아들일 수 있으며, 부모와 깊은 유대감을 경험한 아이들은 그때가 언제건 자신감을 얻고 긍정적인 방향으로 변화할 수 있다.

러빙 리더십을 실천하며 사랑이 담긴 훈육 방식을 연습하고, 그 과정을 통해 성장하고, 자신의 행동을 바꿔가는 부모님의 모습을 지켜보는 것 역시 아이에게 좋은 가르침이 될 수 있다. 언제든 옳은 방향으로 성장하고 변화할 수 있다는 교훈을 주는 것도 부모의 역할임을 명심하자.

훈육이란 꼭 권위적이고 폭력적일 필요가 없으며, 또 그래서도 안 된다. 올바른 훈육은 아이에게 사랑과 보살핌을 주고, 부모와 아이에게 자유를 주는 동시에 나아가야 할 방향과 넘지 말아야 할 선을 알려준다. 따라서 사랑이 담긴 훈육인 러빙 리더십을 실천할 때는 아이의 성장 시기별 중요 욕구를 채워주는 것이 매우 중요하다.

러빙 리더십이란 부모의 보살핌을 원하는 아이의 욕구를 채우는 동시에 부모의 모든 행동의 근본적 이유가 결국 아이를 보살피는 데 있음을 알려주는 육아법이다. 지금부터 러빙 리더십이 어떻게 아이와 부모의 애착을 단단하게 만들고 아이의 자존감을 높일 수 있는지 더 자세히 알아보자.

다시 한번 강조하는데, 러빙 리더십이란 사랑하는 마음으로 아이를 지도한다는 의미다. 아이를 사랑하고, 동등한 눈높이로 대하며, 안정적인 애착 관계를 만드는 동시에, 부모로서 아이의 안전과 건강에 대한 책임을 지고, 아이에게 넘지 말아야 할 선과 행동을 가르쳐주고, 앞으로 나아갈 방향을 알려주는 모든 행위가 바로 러빙 리더십에 해당한다.

부모에게 리더십이 있다는 것은 힘이 있다는 말이기도 하다. 부모는 아이보다 성숙하고 경험이 많기 때문에 힘, 즉 권력을 갖는다. 이러한 부모의 권력을 처벌과 보상을 통한 복종의 형태로 남용하지 않고 올바른 방향으로 제대로 쓰기 위해서는 사랑과 훈육을 결합한 러빙 리더십의 여섯 가지 요소를 잘 파악하고 있어야 한다.

일상에서 부모가 보여주는 리더십에는 다음과 같은 것들이 있다.

◆ 네가 할 수 있도록 도와줄게.

예시) 미끄럼틀에 올라가고 싶은데 자신이 없다면 네가 혼자 할 수 있도록 엄마 아빠가 응원해 줄게.

◆ 지금 네게 진짜 필요한 것이 무엇인지 함께 찾아줄게.
예시) 네가 지금 달콤한 간식을 먹고 싶은 건 지금 네가 엄마 아빠의 사랑을 원하고 있기 때문이라는 걸 알아.

◆ 네가 원하는 것을 스스로 채우는 삶을 살 수 있도록 이끌어줄게.
예시) 약속한 시간보다 텔레비전을 더 오래 보고 싶구나. 원하는 것을 하고 싶어 하는 너의 욕구를 엄마 아빠가 알아채고 그 방법을 찾도록 도와줄게. 하지만 그게 너의 건강에 해로운 일이라면 허락할 수 없어.

◆ 그 누구도, 무엇도 다치지 않는 방식으로 너의 감정을 다스리도록 도와줄게.
예시) 짜증, 분노, 좌절과 같이 강한 감정을 드러내거나 표현해도 괜찮아. 엄마 아빠는 네가 감정을 표현할 때 너와 나를 비롯해 다른 모든 것이 다치지 않고 온전히 유지되도록 지킬 거야.

◆ 모두가 동의하는 해결 방법을 찾도록 도와줄게!
예시) 너는 엄마 아빠와 놀고 싶고 엄마 아빠도 너와 놀고 싶어. 그러니까 우리 모두가 좋아하는 방식으로 놀 거야.

결국 부모는 여러 방향의 리더십을 통해 아이에게 모범을 보이고, 사랑을 담아 이끌며, 어떤 가치가 중요한지 알려줄 수 있다. 이 과정에서 아이들은 자신의 행동 방향과 질서를 파악할 수 있으며, 이를 버팀목으로 삼고 보호 받는다는 느낌과 안정감을 느낀다.

　　이를 실천하기 위한 러빙 리더십의 여섯 가지 요소는 다음과 같다. 마음의 확신 가지기, 방패 세우기, 힘을 써서 보호하기, 힘을 써서 대신 해주기, 수평적 위계질서 세우기, 자율성 키우기다. 책에서는 무엇보다도 부모의 리더십에 중점을 두고 아이를 바르게 사랑하고 보호하기 위한 전략을 소개한다.

러빙 리더십의 여섯 가지 전략

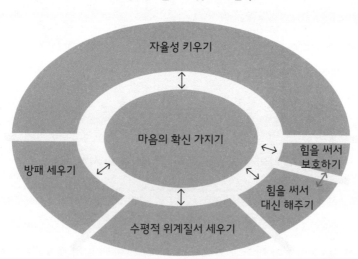

마음의 확신 가지기

러빙 리더십을 바르게 실천하기 위해서는 무엇보다 부모의 마음에 확신이 있고, 내가 지금 이 행동을 하는 이유를 분명히 알고 있어야 한다. 마음의 확신을 갖기 위해서는 자신의 어린 시절 경험을 되돌아보고 당시에 해결하지 못한 채 지금까지 남아있는 문제가 무엇인지 살피는 것이 중요하다. 아이에 대한 공감과 사랑으로 가득한 부모의 마음이야말로 러빙 리더십의 실천을 위한 토대이므로 가장 중심에 위치한다.

방패 세우기

방패 세우기는 부모로서 아이와 타인 사이의 경계선을 지키는 동시에 아이가 지켜야 할 경계선이 어디인지도 알려주는 전략이다. 그림에서 알 수 있듯 아이를 보호하기 위한 방패 세우기는 힘을 써서 대신 해주기나 힘을 써서 아이를 보호하기보다 더 큰 비중을 차지하는데, 이는 부모가 힘을 사용하는 상황보다 아이를 보호하기 위해 방패를 세우는 상황을 더 자주 마주하기 때문이다.

힘을 써서 보호하기

이 전략을 잘 알고 실천한다면 일상의 위험으로부터 부모로서 아이를 지켜낼 수 있다는 자신감이 생긴다. 위험한 순간에 아이를 보호할 때는 아이의 몸을 꽉 붙잡는 등 육체적 힘을 써야 할 수도 있다. 이때 부모인 내가 아이를 사랑하고, 지금 왜 이렇게 행동해야 하는지를 분명히 알고 있는 것이 중요하다. 다만 러빙 리더십은 기본적으로 힘을 사용하는 상황은 최대한 줄이되, 적극적인 행동을 통해서 사전에 위험한 상황을 막는 것을 우선한다. 따라서 그림에서도 가장 작은 비중을 차지한다. 더불어 아이가 커가면서 무엇이 위험한 상황인지 스스로 판단할 수 있기 때문에 부모가 힘으로 아이를 보호할 일이 적어지는 것이 당연함을 유념하자.

힘을 써서 대신 해주기

이를 닦지 않으면 이가 썩는다는 사실을 알지 못하는 것처럼, 자신의 행동이 어떤 결과로 이어질지 예상하기 힘든 연령대의 아이들에게는 부모가 힘을 써 대신 해주는 것이 도움이 될 수 있다. 그런데 이때 곧바로 대신 해주기보다는 먼저 아이의 마음에 공감하고 아이가 스스로 할 수 있도록 돕는다. 그다음 부모의 도움을 받은 아이가 직접 해보고, 그래도 하지 못할 때 부모가 나서는 방식이어야 옳다. 더불어 이 방식 또한 아이가 성장하며 점차 빈도가 줄어드는 것이 당연하다.

수평적 위계질서 세우기

집안에 각자의 자리가 있고, 모두가 자기 자리를 잘 지킬 때 가족은 안정적으로 유지될 수 있다. 그리고 가정 내에서의 위계질서를 통해 가족의 규칙과 루틴, 질서와 더불어 아이가 어떻게 행동해야 하는지 방향과 선을 알려줄 수 있다. 또한 수평적 위계질서를 통해 아이가 성장해 감에 따라 적절한 의무와 권리가 주어지더라도 부모나 형제자매의 역할을 대신한다는 부담을 느끼지 않도록 보호할 수 있다.

자율성 키우기
러빙 리더십에서 자율이란 부모가 큰 틀을 정하되 그 틀 안에서 아이가 자유롭게 행동하는 것을 말한다. 일상에서 아이와 마찰을 겪다 보면 부모가 아이에게 너무 많은 자유를 줄 때가 있는데 시간이 걸리더라도 아이와 평화로운 해결책과 타협점을 찾아야 한다.

부모와 상담을 할 때마다 러빙 리더십의 여섯 가지 전략이 아이와 주도권 싸움을 하거나 보상과 처벌을 통해 아이를 통제하려는 기존의 육아법에서 벗어날 수 있는 아주 효과적인 방법임을 매번 새롭게 깨닫는다.

러빙 리더십의 가장 큰 가치는 모든 가족 구성원이 편안하게 지내며 서로를 잘 보살필 수 있는 상태를 유지하는 것이다. 따라서 이 책은 그저 이론을 설명하는 데서 그치지 않고 일상에서 사용할 수 있는 구체적인 방법을 전달하고자 한다. 러빙 리더십을 통해 사랑을 담아 아이를 훈육하는 부모는 우리 아이에게 부모라는 존재가 수많은 경험을 바탕으로 아이를 위한 옳은 결정을 내리리라는 믿음을 줄 수 있다.

아이가 어릴수록 부모의 지도와 훈육이 더 많이 필요하다. 물론 훈육이라는 말이 너무 폭력적이거나 아이에 대한 공감과 존중이 부족한 태도라고 느낄 수도 있다. 이는 훈육이 너무 오랜 시간 아이의 행동을 부모의 바람대로 강제하는 방식으로 잘못 사용되었기 때문이다. 실제로 많은 부모가 어린 시절 이러한 경험을 했고, 그래서 내 아이만큼은 같은 경험을 하지 않게 하려고 열심히 노력한다. 하지만 이 책은 부모의 힘, 즉 부모의 훈육이라는 개념을 새로운 시각으로 바라보고 러빙 리더십을 통해 부모가 가진 힘으로 아이를 올바르게 보살피는 방법을 제시하고자 한다.

지금부터는 과거의 잘못된 방식에서 벗어나, 아이에게 자율과 책임을 가르칠 수 있는 사랑이 담긴 훈육법 러빙 리더십을 알고 실천하는 방법을 안내한다. 겁먹을 필요는 없다. 아이를 사랑하고, 아이에게 더 나은 미래를 선물하고 싶은 마음이 있는 여러분 모두는 이미 모든 준비를 마쳤다. 이제 우리 함께 러빙 리더십을 시작해보자.

러빙 리더십이란

사랑하는 마음으로 아이를 지도하는 것이다.

아이를 사랑하고, 동등한 눈높이로 대하는 것이다.

부모로서 아이의 안전과 건강에 책임을 지는 것이다.

아이에게 넘지 말아야 할 선과 행동을 알려주는 것이다.

차례

프롤로그:
무엇보다, 부모의 욕구가 먼저다 06

지금의 부모를 위한 육아법, 러빙 리더십이란? 11

1
부

부모의 마음,
내가 단단해야 가족이 행복하다

제1장. 사랑이 담긴 단호함, 러빙 리더십을 시작하기 전에

러빙 리더십을 위한 첫 번째 기둥, 애착 관계 형성하기 27
아이의 욕구를 파악하고 먼저 채우라 33
보상과 처벌이라는 구닥다리 방식에서 벗어나기 38
러빙 리더십을 위한 두 번째 기둥, 비폭력 의사소통 42

제2장. 단호함이 사랑의 기본이라는 마음의 확신 가지기

우리는 왜 자꾸 화가 나는 걸까 51
완벽한 부모가 될 필요도 없고, 아이와 갈등이 생겨도 괜찮다 54
러빙 리더십을 실천하기 위한 마음의 확신을 찾는 3단계 63
마음의 확신과 함께 러빙 리더십을 실천한다면 77

제3장. 나와 아이의 마음을 함께 보호할 수 있는 방패 세우기

우리는 모두 각자의 방패가 필요하다 83

나를 위한 방패를 세울 때 필요한 마음가짐 86

나를 위한 방패가 필요할 때 나는 어떻게 행동해야 할까 91

나를 위한 방패가 필요한 순간들 98

때로는 아이를 위한 방패가 되어야 한다 110

아이를 위한 방패가 되어야 할 때 나는 어떻게 행동해야 할까 114

아이를 위한 방패가 필요한 순간들 119

배우자와 아이 사이에도 방패가 필요하다 131

2
부

아이의 행동,
경계를 정해줄 때 아이는 더 잘 자란다

제4장. 힘을 써서 보호하기, 아이가 안전해질 수 있는 가장 효과적인 방법

아이의 안전을 위해 부모의 힘을 활용하기 전에 147

힘을 써서 아이를 보호하는 위한 3단계: 개입하고, 닿고, 공감하라 151

아이가 나의 도움을 거부한다면? 159

힘을 써서 아이를 보호할 때 필요한 나의 마음가짐 165

언제나 아이의 안전이 가장 중요하다 173

제5장. 힘을 써서 대신 해주기, 아이 스스로 하는 것만이 정답은 아니다

때로는 아이의 일을 대신 해줘야 할 때도 있다   183

힘을 써서 아이의 일을 대신 해줄 때는 언제인가   187

힘을 써서 대신 해줘야 할 때 나는 어떻게 행동해야 할까   197

힘을 써서 대신 해줘야 할 때 필요한 나의 마음가짐   203

힘을 써서 대신 해주기 전략을 실천해 보자   214

SPECIAL PAGE

'힘을 써서 보호하기'와 '힘을 써서 대신 하기'
전략 함께 사용하기

3
부

가족의 질서,
분명하지만 유연한 관계가 단단한 가족을 만든다

제6장. 평화로운 가정을 위한 열쇠, 수평적 위계질서 세우기

수평적 위계질서란?   233

'내가 더 먼저, 잘, 빨리' 시기를 현명하게 벗어나는 비결   241

수평적 위계질서를 더 잘 지킬 수 있는 절대 법칙   247

일상에서 수평적 위계질서가 필요한 때는 언제일까   253

무엇을 해야 할지 먼저 파악하고 직접 결정 내려라   259

제7장. 아이와의 갈등 상황이야말로 자율성을 키울 수 있는 최고의 기회다

결국 아이는 스스로 해내는 힘을 길러야 한다   269

아이가 너무 자기만 생각하고 예의가 없어요   272

유치원에 가기를 싫어해요   285

아이가 아무런 노력도 하지 않으려고 해요   291

아이가 자꾸 쓸데없는 거짓말을 해요   304

규칙을 지키지 않을 때는 어떻게 해야 하나요?   315

아이들의 싸움을 말리다가 하루가 끝나버려요   323

양치를 할 때마다 매순간이 전쟁이에요   329

일상에서 겪는 어떠한 갈등도 우리는 모두 잘 해결할 수 있다   335

SPECIAL PAGE

우리 아이와 함께 일상에서 러빙 리더십 실천하기

1부

부모의 마음,
내가 단단해야 가족이 행복하다

제 1 장

사랑이 담긴 단호함,
러빙 리더십을
시작하기 전에

러빙 리더십을 위한 첫 번째 기둥,
애착 관계 형성하기

    아이가 스스로 할 수 있는 자율성을 길러주면서 동시에 올바른 기준을 제시하라는 러빙 리더십의 요구는 마치 외줄타기처럼 어렵게 느껴질 수 있다. 하지만 이 둘을 함께 해내는 일은 무척 중요하다. 아이들은 스스로 해보려는 자율성 욕구와 부모가 자신을 이끌어주기를 바라는 욕구를 모두 가지며, 이 두 가지를 모두 채웠을 때 부모와 아이의 애착이 깊어질 수 있다.

    아이들은 발달 과정에서 마주하는 까다로운 과제들을 해내고 열심히 탐구하면서 자율성을 키워나간다. 탐구의 방식에는 무언가를 탐색하고, 조사하고, 실험하고, 자기 나이에 맞춰 이런저런 시도를 해보고, 자신의 행동이 어떠한 결과로 나타나는지 깨닫는 등 주변 세상을 알아보기 위한 다양한 시도가 모두 해당된다. 중요한 점은 이러한 경험과 더불어 부모가 아이들의 애착 욕구를 채워줄 때 아이들이 바르게 성장할 수 있다는 것이다. 따라서 부모가 아이들이 직접 여러 가지를 경험하고 배울 수 있는 다양한 환경을 만들어주는 것이 중요하다. 다시 말해 아이가 자유롭게 움직이고 배우고, 때로는 실패했다가 다시 도전할 수 있는 '괜찮아 환경Yes environment'을 만들어주는 것이다.

'괜찮아 환경'을 만들 때는 아이가 경험하고 배우는 모든 과정이 부모가 만든 울타리 안에서 이루어져야 한다. 더불어 러빙 리더십을 통해 아이를 사랑으로 이끌어줄 수 있어야 한다. 아이들은 위험을 미리 알고 대처하는 능력이 부족하기 때문에 부모가 사랑으로 안내할 때 비로소 안전하게 학습할 수 있다. 더불어 아이들이 스스로를 돌보거나 결정을 내리기 버거울 때 길잡이가 되어줄 사람, 또 강렬한 감정을 느낄 때 그 감정을 다루는 방법을 알려줄 어른도 필요하다. 부모가 사랑으로 아이를 이끌어준다는 것은 아이가 분노에 휩싸여 감정을 주체하지 못할 때 아이의 마음에 공감하고 분노라는 감정을 건강하게 발산하는 방법을 가르쳐주는 것이다. 학술적으로는 이것을 '보호자와 함께하는 조절'이라고 표현하는데, 이런 식으로 부모와 함께 감정을 발산하는 연습을 계속하다 보면 아이 혼자서도 점차 감정을 조절하는 법을 배울 수 있다.

그럼 지금부터 부모의 보살핌이 아이의 안정애착 발달에 어떤 중요한 역할을 하는지 자세히 알아보자. 그러기에 앞서 우선 '애착 이론'이란 무엇인지 알아야 한다.

아이가 정서적·사회적·인지적으로 건강하게 발달하기 위해서는 무엇보다 부모와의 안정적인 애착이 형성되어야 한다. 이 안정적인 애착은 임신 단계부터 시작해 특히 생후 2년간 아이와 부모 사이의 긍정적인 상호관계를 통해 생겨나는데 이 시기 아이의 두뇌는 엄청나게 발달하기 때문에 바로 이때 이루어지는 모든 애착 경험이 아이의 두뇌에 거의 새겨지다시피 한다. 따라서 이 시기 아이의 욕구에 빠르게 반응하는 것이 중요한데, 아이는 울음으로밖에 자기 감정을 표현하지 못하고 부모는 지금 아이가 무엇을 원하는지 곧바로 알아채지 못한다고 하더라도 아이는 부모가 자기를 위해 노력하고 있다는 사실을 분명히 느끼기 때문이다. 그리고 이렇게 아이를 세심하게 살피고 최대한 욕구를 채워주려는 부모의 반응으로부터 안정적인 애착이 생겨난다.

그렇다면 아이들이 안정적인 애착 경험을 통해 부모와 기본적인 신뢰를 형성하게 하려면 어떻게 해야 할까?

우선 아이의 욕구에 민감하게 반응하려는 노력이 시작이다. 아이들은 세상에 태어난 순간부터 부모가 자신이 무엇을 원하는지 알아차리고 해결해 주려 노력한다는 사실을 느낄 수 있다. 부모 역시 아이들이 이를 알고 있다는 사실만으로 자신이 육아를 잘 해내지 못한다는 불안감으로부터 벗어날 수 있다.

또한 러빙 리더십과 자율을 통해 아이의 욕구를 채워주어야 한다. 아이와 안정적인 애착 관계를 형성하기 위해 아이의 욕구를 채워주는 것만큼이나 적절한 선을 제시하는 것 또한 부모의 책임이다. 부모는 아이가 계속 놀고 싶어 할 때 집으로 데려오고, 아이가 잠을 자지 않으려고 떼를 써도 적절한 시간에 재우고, 아이가 약을 먹지 않겠다고 해도 약을 먹여야 한다. 이러한 행동은 자칫 아이가 원하는 것과 반대로 행동하는 것으로 보일 수도 있지만 결국에는 아이 역시 그 행동의 본질은 부모가 아이를 신경 쓰고 보살피기 위한 행위임을 알아챈다. 더불어 확신과 책임감이 동반된 부모의 행동을 통해 신뢰를 쌓을 수 있다.

아이의 감정을 받아들이는 것 또한 중요하다. 부모가 아이의 감정을 제한하지 않고 있는 그대로 받아들이면서, 그 감정을 다루는 과정을 함께 하는 것이다. 부모가 자신의 감정에 공감하며 세심하게 살피고 있다는 사실을 아이가 느끼면, 그러한 강렬한 감정으로 인한 상처의 위험에서 보호받을 수 있으며 스스로 극복할 수 있다. 아이의 감정을 받아들일 때는 아이를 빨리 진정시키거나 아이의 주의를 다른 주제로 돌리려는 것이 아니라, 감정을 그대로 인정하고 받아들여야 한다.

또한 부모는 아이의 불편한 감정에도 비언어적 표현, 언어적 표현, 스킨십을 통해 공감할 수 있어야 한다. 샤워를 하거나, 요리를 하거나 다른 형제를 돌보는 등 부모로서 해야 하는 다른 일들을 처리하느라 아이가 불편한 감정을 느낀다는 것을 깨달았음에도, 곧바로 아이의 안정을 되찾아 주기 위한 행동에 돌입할 수 없을 때도 있다. 이때는 차분하고 애정을 담은 목소리로 아이에게 말을 거는 것만으로도 아이를 진정시킬 수 있다. 아이들은 아직 두뇌가 충분히 성숙하지 않았기 때문에 스스로 감정을 조절하는 데 미숙하고, 특히 강렬한 감정을 느낄 때는 스스로를 보호하기 위해 보호자에게 의존하려는 경향이 강하다. 따라서 애정이 담긴 따스한 대화를 통해 아이들을 안정시키자.

무엇보다 중요한 것은 부모의 욕구가 먼저 채워져야 아이의 욕구도 살필 수 있다는 점이다. 애착에 대해 연구하는 파비엔 베커-슈톨 Fabienne Becker-Stoll 교수는 연구에서 부모 자신의 욕구가 채워지지 않은 상황에서는 아이의 욕구에 대한 민감도 역시 떨어진다고 밝혔다. 만약 부모가 엄청난 수면 부족에 시달리고 있다면 자신의 욕구와 아이의 욕구를 구분하기 어려워진다는 것이다. 부모가 자신이 무엇을 필요로 하는지를 분명히 알고, 짜증과 같은 불쾌한 기분이 들 때 현재 나에게 채워지지 않은 욕구로 인해 몸이 신호를 보내고 있음을 알아야 자녀, 특히 영유아의 욕구를 잘 살필 수 있음을 명심하자.

더불어 부모가 스스로 감정을 조절할 수 있어야 아이의 욕구에 세심하게 반응할 수 있다. 강렬한 감정을 느낄 때 내 몸의 반응을 보고 그 감정이 무엇인지 알아내 건강하게 표출하고 조절하는 법을 파악해야 하는데, 슬플 때는 울거나 누군가의 품에 안기는 것, 화가 났을 때는 심호흡을 하거나 소리를 지르는 것, 답답할 때는 친구에게 하소연을 하는 등 자신만의 감정 해소를 위한 전략을 만들어 두는 것도 도움이 될 수 있다.

부모의 이러한 노력과 애정을 바탕으로 아이가 성장하며 형성하는 부모와 자식 간 애착 관계는 점차 깊어지고 단단해진다. 그리고 이러한 애착 관계를 통해 긍정적이고 애정 가득한 가정의 분위기가 형성

될 때 부모는 아이에게 편안하고 안전한, 진정한 안식처가 되어줄 수 있다. 이런 토대 위에서 비로소 부모는 올바른 러빙 리더십을 발휘할 수 있으며 아이는 자신의 개성과 날개를 자유롭게 펼칠 수 있음을 명심하자.

아이의 욕구를 파악하고
먼저 채우라

앞에서도 이야기했지만 아이들의 욕구를 세심하게 살피고 채워줄 때 아이들이 신체적·정서적·심리적으로 건강하게 잘 성장할 수 있다. 욕구가 채워진 상태와 채워지지 못한 상태는 모두 아이의 행동과 발달 과정에 영향을 미친다. 부모가 아이의 욕구를 알고 이후에라도 이를 채우려 노력하는 것만으로도 아이는 부모를 신뢰할 수 있다.

그런데 특별한 요구사항이 있거나 자신의 욕구를 더 강하게 표현하는 아이들도 있다. 이런 아이들은 감정이 유독 강하게 나타나거나 너무 예민한 일종의 신경다양성neurodiversity 증상을 보이는데, 신경다양성이란 아이들에게 나타날 수 있는 다양한 신경증 양상을 말하며 자폐나 ADHD(주의력결핍 과다행동장애), ADD(주의력결핍증), 난독증 등이 여기에 포함된다.

이와 같이 특별한 요구사항이 있는 아이들에게는 더 집중적인 도움이 필요하다. 때로는 부모만으로는 아이의 모든 욕구를 충족시키기 어려운 상황도 발생한다. 이 경우 부모들은 죄책감을 느끼는 대신 주변에서 받을 수 있는 모든 도움을 기꺼이 요청하고, 이 아이 한 명을 돌보는 것이 아이 여러 명을 키우는 것만큼 쉽지 않은 일이라는 점을 기억해야 한다.

정리하면 부모에게는 아이의 욕구를 항상 살펴야 하는 책임이 있으며 특히 아이가 어릴수록 이러한 욕구를 빠르게 파악하고 충족시켜 주어야 할 의무가 있다. 단, 이 시기에는 다른 사람의 도움을 받는 것 역시 가능하다.

애착 전문가인 브리기테 한니히Brigitte Hannig는 2007년 연구에서 아동의 욕구를 정리한 바 있는데, 그녀는 아동의 욕구는 상위 욕구와 하위 욕구로 나눌 수 있으며 상위 욕구에 여러 하위 욕구가 포함된 형태라고 말했다.

욕구 지향적 육아에서는 이러한 여러 하위 욕구를 채워 종국에는 상위 욕구를 채우는 것을 목표로 삼는다. 아이들에게 가장 중요한 상위 욕구는 바로 '생존'인데, 이러한 생존에 대한 욕구를 채우기 위해서는 충분한 스킨십과 애착, 배설, 건강, 빛, 공기, 음식, 돌봄, 수면, 따뜻함과 같은 여러 하위 욕구를 충족시켜야 한다. 그리고 이렇게 생존과 직결된 아이의 욕구를 채우는 것은 오롯이 부모의 책임이다. 이러한 욕구는 보호자의 보살핌을 통해서만 충족할 수 있기 때문이다.

생존이라는 일차 욕구가 충족된 다음에는 '안정감'이라는 상위 욕구가 뒤따른다. 안정감 욕구에는 자율성을 비롯해 정서적 안정감, 건강, 부모의 지도, 안전, 경계, 생활습관, 위계질서와 공정함, 명확성, 질서, 방향, 구조, 안정성, 보호 등의 하위 욕구가 포함된다. 이를 채우기 위해서는 부모의 올바른 훈육과 지도가 필요하며, 아이들이 부모의 훈육을 통해 상황이 통제되고 있다는 안정감을 느껴야 부모의 사랑을 신뢰하고 받아들일 수 있다. 더불어 이러한 과정을 거쳐 부모와 협력할 수 있다.

안정감에 포함된 하위 욕구 중 '자율성' 욕구는 특히 중요한데, 아이의 발달 수준을 살피고 그에 맞는 자율성을 가장 잘 부여할 수 있는 사람이 바로 부모이기 때문이다. 그런데 스스로 해보고, 자신의 의견을 말하고, 그 의견이 상대방에게 진지하게 받아들여지고, 이를 통해 혼자 결정을 내리고 싶다는 아이의 욕구는 질서나 훈육, 보호에 대한 하위 욕구와 서로 상충하곤 한다. 실제로 아이에게 일정한 하루 습관을 설정해 주고 이에 맞추어 아이가 언제 어떤 행동을 해야 할지 대략적인 방향을 제시해 주면 아이들은 언제 무슨 일이 일어나고, 누가 무엇을 담당하며, 자신이 어떤 행동을 해야 하는지 파악할 수 있고, 이를 통해 안정감을 느끼지만 스스로 결정하고 발언권을 가지려는 욕구는 채우지 못한다. 따라서 부모는 아이의 욕구를 계속해서 세심하게 관찰하고 상충하는 여러 가지 욕구 속에서 균형을 찾아주어야 한다. 즉 아이가 경험해 볼 수 있는 안전한 틀을 제공하는 것이 우리 부모들이 해야 할 일이다.

그다음 아이에게 중요한 또 다른 욕구는 '소속감'에 대한 욕구이다. 여기에는 참여, 공감, 공동체, 사랑, 인류애와 같은 하위 욕구가 포함되며 이러한 욕구는 주로 부모의 사랑을 통해 채울 수 있다. 그 밖에도 아이들의 상위 욕구에는 존중, 자아실현, 의미 추구 등이 있으며 이와 관련한 모든 하위 욕구를 채우기 위해서는 부모가 아이의 자아를 존중하면서도 아이가 자율적으로 행동할 수 있는 영역을 제공해야 한다.

결국 모든 상황에서 가장 중요한 욕구는 생존에 관한 욕구이며 이 욕구를 채우기 위해서는 부모의 보살핌이 필수다. 그다음 욕구인 안정감은 부모의 훈육을 통해 채울 수 있으며, 소속감을 비롯한 그 외 다양한 욕구는 부모가 아이를 존중하고 아이에게 자율을 선사할 때 채울 수 있다. 안정감에 대한 아이들의 욕구는 결코 사랑에 대한 욕구보다 앞서지 않으며, 서로 모순되지도 않는다. 부모의 사랑과 훈육을 통한 안정감이라는 두 가지 요소를 결합한 '러빙 리더십'이 중요한 이유다.

부모가 아이에게 사랑만 주고 훈육은 하지 않는다면 아이는 제대로 성장할 수 없다. 훈육을 통해 안정감을 제공할 때 비로소 아이는 부모와 진정한 애착을 형성할 수 있으며, 양육자가 자신을 보호하고 안전하게 지켜준 경험을 통해 양육자에 대한 근본적인 신뢰를 쌓는다. 아이가 스스로 안전하지 않다고 느낄 때는 과도한 분노와 공격성을 보이거나, 아예 아무 말도 하지 않는 행동을 보일 수도 있다. 이런 행동은 마치 경보 시스템이 울리는 것과 같아서 아이가 도움을 요청하는 강력한 신호임을 알아차려야 한다.

아이가 자라는 데 반드시 필요한 안정적인 애착은 결국 부모의 보살핌을 통해 아이의 생존에 대한 욕구를 충족하고, 분명한 훈육을 통해 안정감을 주며, 사랑을 통해 소속감을 줄 때 만들어진다. 이 원리를 아는 것만으로도 우리는 아이의 감정적 폭발을 비롯해 아이들이 정말로 하고 싶은 말이 무엇인지, 아이들이 무엇을 필요로 하는지 이해할 수 있다.

🌱 **날개를 달아주는 말**

아이들의 욕구 세계는
다음과 같은 요소로 이루어진다.
가장 먼저 아이의 생존 욕구가 우선하며,
그다음 안정 욕구, 소속감과 존중, 자아실현,
의미 찾기에 관한 욕구의 순서로 요구된다.

보상과 처벌이라는
구닥다리 방식에서 벗어나기

러빙 리더십을 효과적으로 실천하기 위해서는 과거의 가장 흔한 훈육 방식이었던 보상과 처벌에서 벗어나야 한다. 보상과 처벌은 사회적 상호작용을 통한 교육법으로, 부모 세대는 대부분 이러한 방식을 바탕으로 교육받았기에 우리는 이미 보상과 처벌 방식에 너무나 익숙하다. 옳은 행동을 하면 칭찬이나 상을 받았고, 잘못된 행동을 하면 혼이 나고 벌을 받는 것을 당연하게 여기게 된 것이다.

심리학자 B. F 스키너B.F.Skinner는 이런 교육 방식을 조작적 조건화operant conditioning라고 정의하는데, 아이의 행동에 조건을 달아둠으로써 아이의 행동을 조작한다는 것이다. 보상과 처벌은 철저히 아이의 행동에만 초점을 맞추고 있으며, 아이의 감정이나 욕구는 완전히 무시된다. 그 때문에 이 방식은 아이들의 정서적·인지적 발달에 전혀 도움이 되지 않는다. 처벌이나 보상에 두려움을 느낀 아이는 오로지 부모가 원하는 행동을 할 뿐이다. 상대방에 대한 이해나 공감 능력, 동정심, 도덕성이 발달할 수도 없다. 한마디로 주변 사람들과 함께 행복하게 잘 지내려는 의지가 있는 사람으로 자라는 대신, 규칙을 어기지 않으려고 로봇처럼 정해진 대로 '작동'하는 아이가 될 뿐이다.

그럼에도 너무나 많은 이들이 아이들에게 보상과 처벌을 제공하는 방식이 옳고 그름을 효과적으로 가르쳐줄 수 있는 훌륭한 훈육 방식이라고 착각한다. 이는 결코 사실이 아니다. 보상과 처벌 방식에는 잠을 자지 않으면 피곤하다거나, 기차 출발 시간까지 역에 가지 않으면 기차를 놓친다든가, 사과를 손에서 놓으면 땅에 떨어진다는 것처럼 분명한 논리나 일관성이 없다. 그래서 아이들은 그 작동 방식을 이해할 수 없고 결과를 예측하는 데도 어려움을 겪는다. 예를 들어 "지금 당장 욕조에서 나오지 않으면 자기 전에 동화책 안 읽어줄 거야!"라는 말에는 어떠한 논리적인 인과관계가 없다. 목욕을 하는 시간과 동화책 사이에는 아무런 관련이 없기 때문이다. 그저 아이가 욕조에서 빨리 나오도록 행동을 통제하고 조종하는 방식일 뿐이다. "지금 바로 신발 신으면 이따 아이스크림 사 줄게"처럼 아이들에게 보상을 제시하는 것도 똑같다. 사랑을 담아 훈육하는 것이 아니라 부모의 힘을 남용해 아이의 행동을 조종하려는 시도다. 이럴 경우 아이는 자신의 욕구를 충족하기 위해 스스로 행동하는 것이 아니라 그저 부모의 생각에 따라 작동하게 될 뿐이다.

보상과 처벌은 모두 아이에 대한 신뢰가 부족하기 때문에 사용하는 수단이다. 즉, 아이기 스스로 할 수 있나는 신뢰와 인간에게는 으레 주변을 도우려는 본성이 존재한다는 신뢰가 부족한 것이다. 신뢰는 비폭력 의사소통을 하기 위해 반드시 필요한 기본 원칙이다.

특히 보상이 아이의 행동에 대해 잘했다고 인정해 주는 것이라 착각하는 경우가 정말 많은데 이는 인정과는 완전히 다르다. 아이가 무언가를 잘해냈을 때 그것을 통해 아이의 자존감을 기르고 싶다면 보상을 제공하는 것이 아니라 아이와 함께 그 성공을 축하하고 기뻐하는 방식이어야 한다.

안타깝게도 우리 아이들은 아주 어렸을 때부터 치열한 경쟁에 노출되어 일찍부터 성과를 이뤄야 한다는 생각을 학습하고 있다. 그러다 보니 보통 처벌을 피하거나 보상을 받기 위해 모든 것을 잘해내려고 한다. 하지만 이러한 상황이 반복되면 아이들은 점차 보상과 처벌에만 의존하게 되고, 보상이 주어질 것이라 예상한 상황에 보상이 주어지지 않는다면 이를 처벌로 받아들일 수 있다. 무엇이 옳고 그르며 무엇이 상이고 벌인지를 오직 부모의 기준으로 정하기 때문에 결과적으로 아이들은 스스로 해결책을 찾거나 혼자 힘으로 해보려는 의욕과 호기심을 잃게 되는 것이다.

이렇게 작동하는 아이들은 점점 다른 사람의 마음에 들거나 단순히 처벌을 피하기 위해 행동하게 된다. 행동의 동기가 마음속에서 진정하게 우러나오는 것이 아니라 외부에 좌우되는 것이다. 자신의 욕구를 채우고 스스로의 한계를 알아가는 기회조차 박탈당한다.

그러다 보면 최악의 경우 아이와 보호자 사이의 애착이 약해지고 이해심과 친밀함이 사라질 수 있다. 아이가 그저 '나는 항상 모든 일을 망쳐', '나는 너무 부족한 아이야', '나는 왜 이렇게 부족하지?', '내가 완벽하게 행동해야 사랑받을 수 있어'라는 생각에 빠져버리는 것이다.

부모가 보상이나 처벌을 하지 않는다면, 즉 아이의 행동을 평가하지 않을 때 아이는 다른 사람의 인정 없이도 스스로를 가치 있는 사람이라고 생각할 수 있다. 모든 것에 호기심을 가지고, 거리낌 없이 배우며, 신뢰를 쌓는 법을 습득하고, 시도하고, 그러다 좌절하기도 하고 또 다른 방법을 찾으려는 동기를 얻을 수 있다. 행동의 결과보다는 그 과정과 방식, 이유가 중요해진다. 그 결과 보상과 처벌로 만들어진 틀에서 벗어나 모든 사람이 서로 다르다는 것을 배울 수 있다.

러빙 리더십을 위한 두 번째 기둥,
비폭력 의사소통

비폭력 의사소통NVC; Nonviolent Communication은 의사소통의 한 방식으로, 흔한 갈등을 해결하기 위한 방법이기도 하다. 두 아이의 엄마이자 비폭력 의사소통 전문가, 상담사로서 오랫동안 쌓아온 경험을 바탕으로 말하자면 비폭력 의사소통을 배운다는 것은 삶을 어떻게 살아갈 것인지, 어떤 식으로 인간관계를 꾸려나갈 것인지에 대한 아주 근본적인 결정을 내리는 것과 같다.

비폭력 의사소통은 미국의 심리학자로서 다양한 저서 활동을 하며 갈등 조정을 위해 활동하고 비폭력 의사소통 센터라는 NGO를 설립하기도 한 심리학자 마셜 로젠버그Marshall B. Rosenberg가 개발한 개념으로, 단순한 의사소통 기술을 넘어서 나와 다른 사람, 이 세상에 존재하는 모든 생명체를 대하는 태도를 말한다.

비폭력 의사소통은 우리의 모든 행동이 결국 각자의 욕구를 채우기 위한 것이라는 전제에서 출발한다. 즉 어떤 욕구가 충족되었거나 또는 충족되지 못한 결과가 우리의 행동으로 나타난다는 것이다. 일단 이 개념을 인지하면 자신의 욕구는 스스로 돌봐야 한다는 것이 분명해지며 실천하는 과정에서 진정한 의미에서의 자기 책임과 자기 결정을 이룰 수 있다. 마치 다이아몬드를 계속 깎고 다듬다 보면 어느새 반짝이는 빛을 내는 보석이 되는 것과 같은 원리다. 우리가 가진 욕구는 아직 가공되지 않은 다이아몬드이고, 스스로 자신의 욕구를 채우는 과정은 이 다이아몬드를 제련하는 것과 같다.

비폭력 의사소통은 기본적으로 네 가지 의사소통 기술과 이 기술을 실천하기 위한 마음가짐으로 구성된다. 비폭력 의사소통을 하기 위한 마음가짐은 모두가 서로에게 공감하고, 평가나 비난 대신 관찰하고 이해하려는 태도다.

지금부터는 나 자신과 아이를 사랑으로 대하고 더 큰 사랑을 담아 이끌 수 있도록, 러빙 리더십의 또 다른 핵심이라 할 수 있는 비폭력 의사소통의 네 가지 기본 원칙을 알아보자.

원칙1: 누구도 나를 괴롭히려고 행동하지 않는다.

사람은 누구나 자기 자신을 위해 행동한다. 그 누구도 나를 위해서 행동하거나, 반대로 나를 괴롭히려고 행동하지도 않는다. 아이 역시 마찬가지다. 아이는 그저 자신의 욕구를 채우기 위해 최선을 다하고 있을 뿐이다. 그러니 아이의 행동이 나를 괴롭히거나 나의 화를 돋우려는 의도적인 것이 아니라 스스로를 돌보고 자신의 상태를 스스로 이해하기 위한 것임을, 또 어쩌면 나에게 도움을 청하는 행동임을 알아야 한다.

아이는 자신의 행동을 통해 자신의 상태를 알리고자 한다. 가령 부모의 관심과 애정을 얻고 싶어 부모를 때릴 수도 있다. 어른의 시선에서야 이러한 폭력적인 행동이 효과적이지 않은 전략이지만 아이의 입장에서는 이러한 행동만이 스스로 원하는 바를 얻고 나를 돌보기 위한 유일한 행동이다. 이러한 상황을 받아들이기 힘들고 아이의 행동을 용납하기 어려울 때는 다음과 같은 말이 도움이 될 수 있다.

◆ 아이가 나를 화나게 하려고 일부러 행동하는 것이 아니다.
◆ 아이는 자신의 욕구를 채우기 위해 노력하고 있다.
◆ 아이는 행동을 통해 자기 욕구를 채우려고 노력한다.

원칙2: 다른 사람들의 행동으로 내가 특정한 감정을 느낄 수 있지만, 그 행동이 내 감정의 원인은 아니다.

내 감정에 대한 책임은 나 자신에게 있다. 물론 다른 사람의 행동으로 내가 특정한 감정을 느낄 수도 있다. 아이의 행동 역시 마찬가지다. 하지만 그렇다고 해서 아이의 존재가 내가 화나거나 슬퍼지는 원인은 아니다. 내가 그러한 감정을 느끼는 이유는 아이의 어떤 행동으로 인해 나의 욕구가 채워지지 못했기 때문이다. 따라서 아이의 행동으로 내가 어떠한 감정을 느꼈다면 그 감정의 실체가 무엇인지 자세히 살피는 편이 더 낫다. 분노나 불편한 감정 뒤에는 보통 공감, 감사, 수용, 사랑에 대해 충족되지 못한 어린 시절의 욕구가 숨어있는 경우가 많은데, 이를 유념하면 스스로의 감정을 다스리는 데 도움을 얻을 수 있다.

◆ 아이의 행동이 나에게 어떤 감정을 불러일으킬 수는 있지만, 그렇다고 아이가 그 감정의 직접적인 원인인 것은 아니다. 내가 이 감정을 느끼는 이유는 나에게 채워지지 못한 욕구가 있기 때문이다.

원칙3: 모든 사람에게는 기본적으로 다른 사람의 욕구 충족을 도우려는 의지가 있다.

모든 사람이 타인의 욕구를 채우기를 돕고자 하는 의지가 있음을 받아들이려면 그 행동이 자발적이고, 나의 욕구를 해치지 않는다는 전제가 있어야 한다. 이 말은 곧 우리의 아이들도 모든 욕구가 충족되고, 자발적으로 참여할 수 있는 상황에서는 가족 전체의 행복을 위해 노력할 수 있다는 의미다. 어떠한 행동이든 두려움이나 죄책감, 수치심, 의무에 의한 것보다는 자발적인 마음으로 행할 때 더 강력한 힘을 갖는다는 사실을 명심하자.

◆ 아이는 가족의 행복을 위해서 자발적으로 도우려는 마음을 지닌 존재다.

원칙4: 나는 언제든 나의 의견을 바꿀 수 있다.

옳고 그름은 결코 변할 수 없는 영원불변의 법칙이 아니다. 옳고 그름은 상황에 따라서 얼마든지 달라질 수 있다. 그러니 아이에게 한 번 "안 돼"라고 했어도, 나의 가치관과 욕구를 자세히 살핀 뒤에 "괜찮아"라고 의견을 바꾸는 일이 얼마든지 일어날 수 있게 된다. 이런 마음가짐을 갖는 것만으로도 어린 시절부터 수도 없이 들어온 "이렇게 해야지!"와 같은 굳어진 사고방식에서 벗어날 수 있게 된다. 특히 이 개념은 부모가 다른 사람의 기대가 아닌 본인이 원하는 욕구에 따라 행동하는 데 도움을 줄 수 있다는 점에서 유의미하다.

이 원칙은 다른 사람이나 가족은 본인의 욕구를 채우기 위한 방식으로 나와는 다른 전략을 펼칠 수 있다는 의미이기도 하다. 또 부모가 아이에게 행동의 방향을 제시할 수 있고, 더불어 부모라고 해서 아이의 모든 행동을 받아줘야 하는 것은 아니라는 의미이기도 하다. 이를 통해 우리는 자연스레 세상에는 다양한 가치가 존재한다는 사실을 아이에게 알려줄 수 있다.

비폭력 의사소통은 이러한 마음가짐과 원칙을 바탕으로 이루어지는 의사소통이자 러빙 리더십을 표현하는 언어다. 비폭력 의사소통은 그것이 언어적인 방식이든 비언어적 방식이든 모든 사람의 마음을 공감이라는 고리를 통해 서로 연결하고, 모든 사람의 욕구를 충족시킬 수 있는 해결책을 찾는 것을 목표로 삼는다.

지금까지는 러빙 리더십의 기본 원칙과 함께 러빙 리더십을 구성하는 두 개의 기둥, 애착 이론과 비폭력 의사소통을 통해 러빙 리더십이 현재의 육아에 반드시 필요한 이유에 대해 알아보았다. 이를 바탕으로 지금부터는 러빙 리더십의 실천을 위한 구체적인 방법에 대해 알아보자.

제2장

단호함이 사랑의 기본이라는 마음의 확신 가지기

우리는 왜
자꾸 화가 나는 걸까

부모가 자신감을 가질 때 아이를 더 잘 도울 수 있다는 말이 있다. 부모와 아이는 더불어 살아가는 관계이기 때문에 부모가 아주 조금이라도 불안해 보이거나 말이나 행동에 확신이 없으면 아이는 곧바로 알아챈다. 아이들이란 존재는 이를 알아차리는 감각을 타고났다.

우리가 느끼는 불편한 마음 뒤에는 다른 복잡한 감정이 숨어 있는 경우가 많은데, 주로 실패에 대한 두려움 같은 것들이다. 이런 감정에 시달릴 때 부모님의 머릿속에는 다음과 같은 목소리가 울려 퍼진다. '내가 너무 엄격한가? 좀 더 풀어주는 게 맞나?', '지금 내가 화내는 게 정말로 아이가 규칙을 어겼기 때문일까? 혹시 다른 이유가 있는데 아이를 비난하는 건 아닐까?', '내가 하는 행동 때문에 아이가 상처받는 건 아닐까?', '지금 이 선은 넘지 말라고 알려주는 것이 맞나? 아니면 아이가 스스로 결정하도록 놔둬야 할까?'

부모가 이러한 생각들로 두려움을 느끼거나 분명하게 행동하지 못할 때 아이들도 어떻게 행동해야 할지 몰라 당황하거나 더 이상 부모에게 의지할 수 없다고 생각한다.

사실 육아를 하며 그런 생각을 떠올리는 것은 당연하며 그렇다고 크게 걱정할 필요가 없다. 우리는 언제고 다시 스스로에 대한 확신을 되찾을 수 있기 때문이다. 무엇보다 명심해야 할 사실은 부모가 자기 행동의 이유를 알고, 이를 바탕으로 자신감과 확신을 보여줄 때 아이들은 더 큰 편안함과 안정감을 느낀다는 것이다.

그런데 부모가 자기 행동에 대한 확신을 갖는 동시에 사랑을 담아 아이를 훈육하는 것은 예상보다 어렵다. 여기에는 몇 가지 이유가 있는데, 무엇보다 우리 아이들은 부모의 마음속 아직 해결되지 않은 채 남아 있는 어린 시절의 감정들을 불러일으키는 아주 훌륭한 재주가 있기 때문이다.

물론 아이들이 나쁜 의도를 가지고 그러는 것은 아니다. 그저 부모의 반응을 얻고자 하는 행동일 뿐이다. 심지어 부모의 반응이 긍정적이지 않을 때도 아이들은 그러한 엄마 아빠의 모습이 너무 재미있어 같은 행동을 반복하기도 한다. 아이들은 '와! 내가 콘센트 쪽으로 계속 기어가면 아빠가 재미있는 행동을 하네. 나한테 관심을 가지잖아! 심지어 평소보다 더 빨라! 너무 재밌다. 재밌으니까 웃어야지. 아빠가 화를 내도 괜찮아. 내 미소면 아빠를 진정시킬 수 있을 테니까'라고 생각한다.

아빠의 입장에서는 이러한 아이의 반응이 자신의 화를 돋우려는 의도적인 행동이라고 생각된다. 그런데 사실 이런 상황에서 아빠가 화가 나는 것은 자신의 어린 시절 부모님이 나를 언제나 신경 쓰고 바라봐 주길 바랐던 욕망이 제대로 충족되지 못했고, 그러한 욕구가 그 상황을 통해 되살아났기 때문일 수 있다. 그래서 마치 당시의 어린아이처럼 힘이 빠지고 좌절감이 들고 아무것도 할 수 없을 것처럼 무력한 기분이 드는 것이다. 이 상황에서는 마치 누군가에게 조종이라도 당하는 것처럼 아이에게 소리를 지르거나 욕을 하고, 심지어는 아이를 위협하는 행동을 보이기도 한다. 그다음 자신의 그러한 행동이 너무나도 부끄러워 자책하고 후회하는 것이다.

　다시 한번 지적하는데, 이런 행동은 모두 어린 시절의 경험과 관련이 있다. 인간의 잠재의식은 과거의 불편한 경험과 비슷한 상황이 발생하면 그때 느꼈던 감정을 다시 느끼지 않기 위해 신경계의 보호 메커니즘이라고 불리는 방어막을 펼친다. 그럼에도 '나 같은 건 바라봐 줄 가치도 없나 봐!', '나는 중요하지도 않고 그저 부족한 사람이야!'와 같이 어린 시절 느꼈던 괴로운 생각들이 무의식 속에 떠오르는 것은 쉽게 피할 수 없다.

　육아의 과정에서 아이가 보이는 여러 행동은 이 모든 감정과 생각을 불러일으키기에 충분하다. 하지만 명심하라. 아이는 나의 감정을 살피거나 나를 바라봐 주고 내 말을 들어주기를 바라는 나의 욕구를 채워줄 의무가 전혀 없다. 어린 시절 나의 부모님들은 그러한 책임이 있었겠지만, 이제 성인이 되었으니 그 책임 역시 나의 것이다.

완벽한 부모가 될 필요도 없고,
아이와 갈등이 생겨도 괜찮다

마리안네는 자기 일을 사랑하는 유능한 사회인이었다. 동료들로 부터 자신감 있고 매사에 명확하며 결단력이 있는 사람이라는 평가를 받았으며, 확신을 가지고 업무를 처리하는 모습에 다들 감탄했다.

하지만 엄마가 된 마리안네에게선 이러한 자신감이 모두 사라진 듯하다. 아이를 대할 때면 분명하고 결단력 있는 모습 대신 말 그대로 퓨즈가 끊기는 듯한 모습을 보일 때가 많다. 마리안네가 딸에게 간식을 그만 먹으라거나 텔레비전을 그만 보라고 말할 때마다 딸은 심하게 떼를 썼고 이러한 상황은 딸과 마리안네 모두를 힘들게 했다.

상담을 받으며 마리안네는 어린 시절 자신에게 부담을 주었던 생각과 감정이 지금까지도 남아 있고, 어린 시절의 기억이 자기도 모르는 사이 자신의 모성에도 영향을 미치고 있음을 깨달았다. 마리안네의 아버지는 분노와 같이 불편한 감정은 겉으로 드러내서는 안 된다며 마리안네가 느끼는 슬픔을 별거 아닌 취급을 했다. 심지어 슬퍼하는 마리안네에게 그만 좀 울라고 소리를 지르기도 했다. 자연스레 어린 마리안네는 스스로를 보호하기 위해 '강렬한 감정을 내보이는 것은 옳지 않은 일이야. 그런 감정을 표현하는 것은 위험한 행동이야!'라고 생각했고, 그 생각이 지금까지도 남아 있었다.

마리안네는 오랜 시간 동안 자신이 느끼는 슬픔과 분노를 억누르며 성장했다. 그런데 자기 딸이 슬픔이나 분노를 마음껏 표출하는 모습을 보고 어린 시절의 감정이 되살아났다. 마리안네는 그러한 강렬한 감정을 마주하면 두려움을 느끼도록 학습되었기 때문에 딸이 그토록 자유롭게 자신의 감정을 드러내는 상황을 맞닥뜨릴 때마다 위협을 받는 듯했고, 그 때문에 딸이 화를 내고 짜증을 낼 때 본인 역시 화를 주체하기 힘들었던 것이다. 이 사실을 깨달은 후에야 마리안네는 아이에게 화를 내는 자신의 모습을 비난하는 대신에 비로소 스스로를 이해하고 보듬어줄 수 있게 되었다.

직장에서는 완벽하고 동료들에게 평판도 좋은 마리안네는 아이를 대할 때만은 돌변한다. 이는 부모와 자식이라는 관계가 유독 깊고 특별하기 때문이다. 부모가 된 우리는 우리의 아이들과 한 차원 더 깊은 관계를 맺게 된다. 그리고 이때 무의식적으로 나의 부모와 어렸을 적 맺었던 관계를 떠올리게 된다. 자녀가 여러 명인 경우에는 유독 나의 어린 시절 기억을 더 자극하는 아이가 있을 수도 있다. 이는 아무리 교육 분야에 종사하며 오랜 경험을 바탕으로 아이들과 깊은 관계를 맺는 데 익숙한 사람이라 하더라도 피할 수 없다. 아이들은 매우 손쉽고 빠르게 우리의 기억을 자극해서, 우리가 당시 해결하지 못했던 문제를 지금 다시 마주하게 만드는 '도우미 아이들'을 계속해서 만나게 되기 때문이다.

특히 부모가 되고 육아를 경험하며 과거 성장 과정에서 학습해 온 가족들의 행동 패턴이나 어린 시절에 채우지 못한 욕구, 트라우마가 되었던 경험들이 비로소 드러나는 경우도 정말 많다. 게다가 드디어 그러한 순간을 맞이했음에도 이러한 자신의 반응이 어린 시절의 경험과 기억 때문임을 깨닫지 못하는 경우도 많다.

그렇다면 육아를 하며 어린 시절의 상처가 갑자기 되살아나는 이유가 단순히 부모와 자녀의 관계가 다른 어떠한 인간관계보다 더 깊기 때문일까? 사실 반드시 그렇다고는 할 수 없다. 아이를 양육하는 과정에서는 부모 자신의 욕구보다 아이의 욕구를 채워주는 것이 더 중요하다고 여기기 쉽다. 그래서 스스로를 돌보는 일에 더욱 소홀해지며 내가 원하는 바가 있음에도 일단 미루게 된다. 그런데 이런 상태의 부모는 이미 한계에 도달한 상태일 수 있다. 사실은 역할 놀이 같은 것은 하고 싶지도 않지만 아이를 위해 끝도 없이 똑같은 놀이를 해왔기 때문이다. 최근 우리와 상담을 진행한 한 엄마는 이런 이야기를 전하기도 했다. "아이가 함께 하길 원하는 역할극을 모두 해주다 보면 가끔씩 진짜 내가 누구인지 헷갈리기까지 해요."

육아를 하다 보면 부모인 나를 챙기는 일이 꽤 오랫동안 뒷전이 되고, 부모라는 새로운 역할에 적응하며 부모의 보살핌을 끝없이 요구하는 상황에 밀려 나를 챙기는 일은 최소한의 수준으로 이루어진다. 특히나 나이 차가 얼마 나지 않는 아이들을 돌봐야 하거나, 유독 예민하고 감정을 강하게 표현하는 아이인 경우 부모는 스스로를 돌보는 일에 더욱 소홀해진다. 이 경우 부모는 스스로의 선택이나 생각에 확신을 가지고 러빙 리더십을 실천하기 어렵다. 이렇게 러빙 리더십을 실천하기 어렵게 만드는 방해물에는 어떤 것이 있을까?

완벽한 부모가 되어야 한다는 강박을 버려라

러빙 리더십을 실천하기 어렵게 만드는 대표적인 장애물 중 하나는 완벽한 부모가 되어야 한다는 강박이다. 혹시 아이를 돌보며 다음과 같은 생각을 자주 하지는 않는가?

'절대 실수하면 안 돼'

'절대 실패해서는 안 돼!'

'나는 우리 부모님보다 더 잘 할 거야!'

'나는 완벽해야 해!'

이런 생각의 기원에는 어린 시절의 여러 경험으로 '나는 못해'라는 생각이 자리 잡고 있을 수도 있다. 어린 시절에 부모님이 실패로부터 배우고 다시 도전할 수 있도록 도와주지 않았거나, 강압적이고 징벌적인 훈육과 위계만 내세울 뿐 동등한 인격체로 대우받지 못한 경우다. 이러한 육아 환경에서 성장한 사람은 무의식적으로 훈육이라는 것이 폭력적이라는 생각에 사로잡힌 나머지 적절한 제재가 필요한 상황에서도 아이의 자유를 제한하지 않는 데 집착하기도 한다.

이러한 강압적인 훈육에 익숙한 부모는 본인은 직접 경험도 해보지 못한 애착을 바탕으로 한 육아를 요구받을 때 어색하고 혼란스럽기만 하다. 어쩌면 욕구 충족과 애착 관계를 바탕으로 러빙 리더십을 발휘하려 할 때마다 살얼음판을 걷는 듯 위태로운 기분을 느낄 수도 있다. 특히 아이가 분노나 공격성을 보일 때도 아이의 행동을 판단하는 대신 도움을 주기 위해 노력하는 모습을 보고 주변에서 이해할 수 없다거나 나무라는 식의 태도를 보인다면 더욱 그렇다. "그렇게 가만히 내버려두는 건 애를 망치는 거야!", "애가 그럴 때는 부모가 단호하게 행동해야지!" 이러한 이야기가 반복되다 보면 나도 모르는 새 불안해지고 내가 아이에게 너무 관대한 것은 아닌지 의심이 들기도 한다. 왜냐하면 애착 관계를 형성하기 위해 노력하는 부모 역시 아이들에게 넘지 않아야 할 선이 어딘지 알려주어야 한다는 것을 잘 알고 있기 때문이다.

아이가 스스로 결정하도록 내버려두어야 하는 때는 언제인지, 또 이를 어떻게 실천할 수 있는지, 언제 좌절을 경험하도록 부모의 개입을 제한해야 하는지, 아이 앞에 놓인 우뚝 솟아난 모난 돌을 직접 치워줘야 하는지 그냥 둬야 하는지 등 구체적인 고민이 뒤따를 수도 있다. 어떤 경우에는 아이의 고집에 못 이겨 이를 닦게 하거나 따뜻한 외투를 입히는 일을 포기할 때도 있을 것이다. 그러나 이때도 마음 한편에 '그래도 아이가 이를 닦고 따뜻한 외투를 입도록 해야 했던 게 아닐까?'라는 작은 불안감이 여전히 남아 있다.

정리하면 우리가 지향하는 욕구와 애착 중심 육아와 관련한 모든 지식에 더해, 나의 부모님 세대와는 달리 육아를 더 잘해내고 싶다는 욕심이 오히려 확신을 가지고 아이를 대해야 하는 상황을 방해한다. 앞에서 말한 것처럼 항상 완벽하고 실수하지 않아야 한다는 믿음 역시 그렇다. 아이를 키우기 전에는 자신감이 넘치는 사람이었는데, 권위주의적인 육아가 어떤 것인지를 너무 잘 알고 나 또한 그러한 부모가 될지 모른다는 불안감이 자꾸만 아이를 대하는 나의 행동에 대한 자신감이 사라지게 만들기 때문이다.

이러한 생각이 더욱 강해지다 보면 간혹 아이에 대한 훈육 자체를 포기해 버리기도 한다. 내 아이만큼은 내가 어린 시절에 느꼈던 감정을 몰랐으면 싶고, 아이가 자신이 있는 그대로 사랑받는 존재라고 느끼기를 바라기 때문이다. 결국 알고 있는 모든 지식과 아이의 행복만을 바라는 마음이 뒤엉켜 올바른 러빙 리더십 실천을 가로막는 셈이다.

다음에 소개하는 〈나를 돌아보는 연습〉을 통해 혹시 나는 그러한 경험을 한 적은 없는지 잠깐 되돌아보자.

아이에게 상처를 주거나 내가 잘못된 선택을 했을까 봐
두려운 나머지 러빙 리더십을 포기한 적은 없었는지
생각해 보자. 만약 그렇다면 그 상황에서 어떻게
러빙 리더십을 실천할 수 있었을까?

아이가 나를 거절하는 상황에 대한 두려움을 극복하라

러빙 리더십을 실천하기 어렵게 만드는 두 번째 장애물은 아이가 나를 거절하는 상황에 대한 두려움이다. 어린 시절에 다음과 같은 생각을 자주 했던 사람이라면 아이가 나와 거리를 두려고 할 때 무력감과 슬픔, 분노와 같은 감정을 느낄 수도 있다.

'나는 사랑받을 자격이 없어!'
'다른 사람이 원하는 것을 들어주어야 내가 사랑받을 수 있어.'
'나는 너무 부족한 사람이야!'
'다른 사람에게 짐이 되어서는 안 돼!'

이들의 경우 아이가 다음과 같은 말을 할 때 매우 큰 감정적 영향을 받곤 한다. 이들은 갈등 상황이나 상대방으로부터의 거부를 위협으로 느끼기 때문에 그렇지 않은 사람들보다 더 큰 충격을 받는다.

"엄마 아빠는 바보 멍청이야!"

"엄마 아빠 진짜 싫어!"

"저리 가! 영영 사라져 버렸으면 좋겠어!"

"나는 할머니가 엄마 아빠보다 훨씬 더 좋아!"

사실 아이들이 가장 가까운 존재인 부모에게 유독 거리낌 없이 강한 감정을 표출하는 이유는 그런 행동에도 부모가 나를 가장 사랑한다는 확신이 있기 때문이다. 그러니 이러한 말을 듣고 상처받기보다 아이와 나 사이 애착이 강하다는 칭찬으로 받아들이고 아이가 그런 행동을 하는 것이 다음과 같은 이유 때문임을 상기하는 편이 낫다.

◆ 아이는 부모로부터 잠깐 거리를 두고 싶을 수 있다.

◆ 아이는 강한 감정을 표출할 출구가 필요하다.

◆ 아이는 지금 어려움을 겪고 있고 도움이 필요하지만, 도움을 청하는 다른 방법을 아직 알지 못한다.

하지만 아무리 머리로는 아이의 이러한 행동의 원인을 알고 있다 하더라도, 이와 별개로 어린 시절의 경험에 무의식적으로 영향을 받기도 한다. 깊이 박혀버린 어린 시절의 상처가 우리 아이가 나를 거부하는 상황에서 스스로를 더욱 통제하기 어렵게 만드는 것이다. 이러한 감정을 느끼는 것은 잘못된 것이 아니다. 어린 시절에 거부와 소외, 괴롭힘 등을 경험하는 것은 관계를 잃고 혼자가 되는 것에 대한 두려움을 언제고 다시 불러일으킬 수 있다.

부모님이 자주 다투는 환경에서 자란 아이는 성인이 되어서도 갈등 자체를 위협적으로 받아들이며, 비슷한 상황에서 스스로를 보호하고자 자신의 행동을 억제한다. 결국 이는 러빙 리더십의 실천을 가로막게 되는데, 거절이 두려운 나머지 아이가 자신을 거부하는 상황을 피하려고 끊임없이 아이가 원하는 것을 파악하고 무엇이든 들어주려 노력하기 때문이다. 이러한 상황이 반복되다 보면 결국 슈퍼마켓 계산대에서 초콜릿이나 장난감을 사달라는 아이의 말을 단호하게 거절하기 어려워 안절부절못하는 스스로의 모습을 발견하게 될 수도 있다.

나를 돌아보는 연습

아이가 나를 거부하는 상황이나 아이와의 갈등 혹은
대립을 회피하려고 행동한 적이 있는가?

러빙 리더십을 실천하기 위한
마음의 확신을 찾는 3단계

지금부터 설명하는 세 가지 단계는 더 효과적으로 러빙 리더십을 실천하기 위해 마음의 확신을 갖는 데 도움이 되어줄 것이다. 이를 실천할 때도 처음부터 잘해야 한다는 부담은 가질 필요 없다. 내가 할 수 있는 만큼, 각자의 속도에 맞춰 연습하면 충분하다.

세 단계의 내용은 다음과 같다. 첫째, 어린 시절의 경험을 되돌아보는 것, 둘째, 부모에게도 러빙 리더십이 필요하다는 사실을 받아들일 것, 셋째, 러빙 리더십이 필요한 나만의 이유를 찾는 것이다. 그러면 지금부터 각각의 단계를 실천하는 구체적인 방법에 대해서 자세히 알아보자.

1단계: 어린 시절 경험을 되돌아보기

러빙 리더십을 실천하기 위해 마음의 확신을 갖기 위해서는 가장 먼저 내가 어떤 사람인지, 어린 시절에 어떤 경험을 했고 어떤 감정을 자주 느꼈는지를 파악해야 한다. 그 과정에서 내 마음을 불편하게 만드는 생각이 어디서부터 출발했는지를 알고 나의 욕구 중 어떤 것이 해소되었고 어떤 것이 여전히 채워지지 못한 채 남아 있는지 파악하는 것이다.

특히 신경 써야 할 점은 이 모든 과정에서 나의 모든 경험을 사랑스럽게 바라보고, 나의 마음 상태와 모든 감정에 공감해야 한다는 것이다. 그러면 특정 상황에서 내가 이상적이라고 생각하는 것과는 다른 반응을 보였다 할지라도 더 잘 받아들일 수 있다. 나를 더욱 따뜻한 태도로 대하면 스스로를 용서하는 일이 더욱 쉽고, 자책하거나 스스로를 미워하는 대신 다음에는 더 잘 행동하기 위해 어떻게 할지 생각하는 데 더 많은 에너지를 쓸 수 있다. 이렇게 나를 이해하고 공감해 주는 것이 러빙 리더십을 실천하기 위한 첫 번째 열쇠다.

어린 시절 부모님으로부터 충분히 보호받지 못했다면 성인이 되어서도 보호받고자 하는 욕구가 채워지지 못한 상태일 수 있다. 이 경우 아이를 양육하는 과정에서 아이가 보호를 바라는 상황임을 인지했음에도 부모로서 어떤 행동을 해야 하는지 몰라 당황하거나, 심지어는 위협을 받는 듯한 기분이 들 수도 있으며, 나 역시 보호받고 싶다는 생각에 사로잡힐 수도 있다.

하지만 바로 이때 내가 왜 이런 상황에서 불편함을 느끼는지 자신의 경험을 되돌아보고 자신의 감정을 이해하려 노력하다 보면 보호를 원하는 아이의 행동에 아무런 도움도 제공하지 못하는 스스로를 비난하는 것을 멈추고 사랑으로 감싸줄 수 있게 된다. 그리고 이러한 생각과 훈련을 오랜 시간 반복하다 보면 나와 아이 모두에게 사랑을 담아 공감하는 데에도 익숙해지고, 육아뿐 아니라 생활 전체가 더욱 편안해진다.

놀이터에서 놀고 있는 아이를 집으로 데려와야 하지만 아이가 거부하는 상황이라면 이렇게 생각해 보자. '나는 할 수 있어! 아이가 크게 소리를 지르거나 나를 때리면서 난동을 부려도 나는 부모로서 아이를 안전하게 보호하고 집으로 데려갈 거야.' 이렇게 나의 마음에 공감하는 연습을 하다 보면 아이가 원하는 것과 다른 행동이 필요한 때에도 더욱 편안하고 안정적으로 행동할 수 있으며, 보다 분명하고 자신감 있게 행동할 수 있다.

다음 목록을 살펴보면서 나와 나의 어린 시절 경험을 깊이 생각해 보자. 어린 시절에 대한 기억이 별로 없다면 부모님과 함께 있을 때 느껴지는 현재의 감정을 체크해 보는 것도 좋다. 나에 대해 잘 아는 것은 나의 감정, 무의식적인 생각, 내가 가진 욕구를 이해하는 것은 물론이고 마음의 확신을 갖는 데도 도움이 된다. 그 결과 아이와의 관계뿐 아니라 나 자신의 일상도 러빙 리더십으로 이끌어갈 수 있을 것이다.

1. 어린 시절에 경험했거나, 일상에서 아이의 행동을 통해 느끼는 불편한 감정이 무엇인지 빠르게 알아차리고 스스로 조절하자. 아래 감정 중 내가 어린 시절에 느껴본 적 있는 감정은 무엇인가?(중복 체크 가능)

☐ 무력함

☐ 불안정함

☐ 분노

☐ 공격성

☐ 외로움

☐ 과도한 압박감

☐ 무언가를 잃거나 실패하는 것에 대한 두려움

☐ 미움

☐ 좌절감

2. 아이를 돌볼 때 나의 마음에 부담을 주었던 무의식적인 생각들을 긍정적으로 변화시키자. 다음 문장 중 나에게 해당한다고 생각되는 문장에 표시하고, 부모님 중 누가 그런 생각을 하도록 만들었는지 생각해 보자.(중복 체크 가능)

☐ 나는 항상 너무 과하니까 나서지 말고 가만히 있어야 해.

☐ 다른 사람들이 먼저고 그다음이 내 차례야.

☐ 다른 사람들이 원하는 것을 들어주는 게 나 스스로를 만족시키는

것보다 먼저야.

□ 다른 사람들이 그런 감정을 느끼는 이유는 다 나 때문이야.

□ 나는 너무 부족한 사람이야.

□ 나는 보호받지 못하고 있어.

□ 나는 너무 무력해.

□ 나는 사랑받을 자격이 없어.

□ 나는 못생겼어.

□ 나는 멍청해.

□ 나는 결코 해낼 수 없어.

□ 나는 혼자니까 문제가 발생해도 혼자서 해결해야 해.

□ 나는 약하고 작은 사람이야.

□ 나에게는 너무 어려운 일이야.

□ 나는 사랑받을 수 있도록 행동해야 해.

위의 말 중에 당신의 마음에 부담을 주는 문장을 1~3개 적어보자.

_____

_____

_____

이제 위에 적은 문장을 '나는 보호받고 있어!'와 같이 새롭고 긍정적이며 강한 문장으로 바꿔보자.

_____

_____

3. 어린 시절 부모님이 채워주지 못했던 나의 욕구를 돌아보고 우리 아이와 함께 채워나가자.

다음 중 채워지지 못한 어린 시절 욕구가 무엇인지 체크하고, 아래 목록에 소개되지 않은 것이 있다면 직접 적어보자. 어린 시절에 나의 어떤 욕구가 충족되지 못했는지 파악했다면, 그 당시 그 욕구를 충족하기 위해서는 부모님 중 누가 필요했는지 생각하고 적어보자.

채우지 못한 욕구	당시 나에게 필요했던 사람
보호	
안전	
사랑	
스킨십	
정서적 애착/ 부모님의 존재	
안정감	
행동해야 할 방향 제시	
일상 속 질서	
기쁨	
편안함	
신뢰	
자유	
스스로 하기	
애착	
휴식	
평온함	

이러한 연습을 하는 이유는 부모님 중 누군가에게 책임을 지우고 비판할 대상을 찾으려는 것이 아니다. 앞에서 설명한 것처럼 비폭력 의사소통은 기본적으로 대화에 참여하는 모든 사람이 각자 최선을 다한다는 원칙을 따른다. 즉, 부모님은 당시에 할 수 있는 최선을 다 하셨다는 점을 인정하면서도, 어린 시절의 경험을 되돌아보고 그 당시에 입은 마음의 상처를 치유해 그 상처를 무의식적으로라도 아이에게 다시 물려주지 않도록 이겨내는 것이다.

이번 장에서 설명하는 내용과 연습들은 내가 나를 더 잘 이해하고, 어린 시절에 입었던 마음의 상처를 서서히 치유하기 위한 것이다. 내가 느끼는 감정이 잘못된 것이 아니고 정당하다는 것을 기억하고, 어린 시절 나의 경험과 채우지 못한 욕구를 받아들이자.

어렸을 때 다른 사람의 공감이나 이해를 받지 못한 경험이 있어서 쉽게 외로움을 느낀다면, 공감을 잘해주는 사람들을 곁에 두는 것도 하나의 노력이다. 어릴 때 보호받지 못하고 안전하지 못하다는 느낌을 자주 받았다면 집을 안락한 보금자리처럼 꾸미는 것도 좋은 방법이다. 어린 시절에 혼자가 된 기분을 자주 느꼈다면 어려운 일이 닥쳤을 때 다른 사람의 도움을 받으려고 의식적으로 노력하는 것도 좋다.

무엇보다도 내가 나를 다정하게 대하고, 공감하고, 사랑으로 대해야 한다. 어린 시절에 마땅히 채워졌어야 할 중요한 욕구가 채워지지 않았을 때 그 어린아이가 스스로를 사랑해 주고 공감해 주기란 쉽지 않았을 것이다. 나는 공감과 사랑받아야 하는 사람이고, 나에게는 지금이라도 나를 사랑으로 돌보고 마음의 상처를 치유할 자격이 있다. 나에게도 러빙 리더십을 실천해 나를 사랑으로 이끌어가야 하며 이를 위해서는 아주 구체적인 전략을 세워 나의 욕구를 채워야 한다. 만약 오래된 마음의 상처를 극복하기가 너무 힘들다면 전문가의 도움을 받는 것도 아주 좋다.

2단계: 부모에게도 러빙 리더십이 필요하다는 사실 받아들이기

부모가 되면 아이의 욕구를 먼저 돌보느라 나의 욕구는 뒷전으로 밀려나기 일쑤다. 그러니 육아와 동시에 나 스스로를 돌보기 위해서는 부모가 되기 전과는 완전히 다른 새로운 전략이 필요하다. 그 방법을 잘 알아야 아이에게도 러빙 리더십을 더 잘 실천할 수 있다.

하지만 부모의 역할을 수행하면서 나를 돌보는 전략을 짜는 일은 창의력뿐 아니라 실행력까지 요구하는 일이다. 우리는 기본적으로 어린 시절에 채우지 못한 욕구를 이미 갖고 있으며, 아이가 태어남과 동시에 채우지 못한 욕구의 가짓수는 더 늘어난다.

육아를 시작한 이래로 지난 몇 년간 푹 잔 것이 언제인지 기억도 나지 않을 만큼 수면 부족에 시달리고, 아이가 우선되는 상황이 반복되면서 나를 위한 선택을 내리는 일은 점점 더 어려워진다. 어깨를 짓누르는 책임감에 버겁기도 하다. 육아를 도와줄 도움의 손길을 얻기 어려운 상황인데, 아이는 올해만 벌써 여섯 번째 감기에 걸려 회사에는 또 휴가를 써야 한다. 사실 더 이상 휴가를 내고 싶지도 않고, 그로 인해 직장에서 신뢰를 잃고 싶은 마음은 조금도 없는데도 말이다. 혼자만의 시간을 보내거나 긴장을 풀고 평화로운 시간을 보내는 것은 감히 꿈도 꾸지 못한다. 비록 그러한 시간이 간절하다 할지라도 그 시간을 얻기 위해 조율해야 할 수많은 일들을 떠올리기만 해도 차라리 그냥 지금 상태 그대로 있는 편이 낫겠다는 생각이 들기 때문이다. 친구에게 마지막으로 연락한 지도 너무 오래되어 편하게 전화를 걸 수도 없다. 부부 사이에 포옹을 나눈 것이 언제인지, 둘만의 시간을 보낸 게 언제인지 기억조차 나지 않는다.

이렇듯 육아를 시작하면 너무나 많은 것이 달라지기 때문에 아이를 돌보며 동시에 나의 욕구를 살피기란 결코 쉽지 않다. 하지만 그렇기 때문에 더더욱 아이뿐 아니라 부모에게도 러빙 리더십이 필요하다. 어린 시절에 채워지지 않았고, 부모가 된 지금도 좀처럼 채우지 못하는 나의 욕구를 만족시켜야 하는 기한을 정해 달력에 표시해 두자. 그 날짜를 목표로 삼고 이 욕구를 채우기 위해 어떤 전략을 사용할지 그 계획도 함께 써보자.

예를 들어서 어린 시절에 안정감이 부족했고 지금도 외로움을 많이 타는 사람이라면 일상에서 내가 언제 안정감을 느끼는지 생각해 보자. 누군가는 편한 친구들과 만날 때 안정감을 느끼고, 일과를 마친 저녁 30분 정도 따뜻한 담요를 덮고 차를 마시면서 음악을 듣는 시간 동안 편안함을 느낄 수 있다. 아니면 무거운 이불 속에서 안정을 찾기도 한다. 나에게 어떤 전략이 도움이 되는지 알아내는 가장 좋은 방법은 직접 해보는 것이다. 여러 시도를 해보며 각 행동을 할 때 어떤 기분이 들고 나의 마음이 얼마나 채워졌는지 생각해 보자. 그러다 보면 안정감에 대한 욕구가 채워지지 않을 때 포근한 담요가 도움이 되는지, 아니면 따뜻한 반신욕이 도움이 되는지 명확히 알 수 있다.

나에게 꼭 맞는 방식으로 채워지지 않았던 욕구를 충족시켰다면, 그 행동을 하는 시간을 더 잘 즐길 수 있도록 의식적으로 더욱 노력하며 왜 내가 이러한 행동을 하는지 그 이유를 생각해 보자. '나는 지금 포근한 담요를 덮고 차를 마시며 스스로에게 안정감을 주고 있어'라고 생각하는 것이다. 이렇게 자신의 행동을 의식적으로 받아들이는 전략은 힘든 일을 할 때도 동일하게 사용할 수 있다. 실제로 우리와 상담을 진행하는 많은 부모들 역시 이러한 전략을 습득하고 일상에서 실천하고 있으니 이 책을 읽는 독자들 역시 자신의 상황과 성격에 꼭 맞는 자기만의 욕구 충족 전략을 찾길 바란다.

3단계: 러빙 리더십이 필요한 나만의 이유 찾기

어린 시절 나의 경험을 살피고 일상 속 나를 돌보기 위한 전략을 찾아냈다면, 이제는 확신을 가지고 우리 아이에게 러빙 리더십을 실천할 차례다. 하지만 그 전에 아이를 어떻게 대하고 싶은지, 러빙 리더십을 통해 도달하려는 육아의 목표가 무엇인지 생각해 봐야 한다. 목표가 분명할 때 행동 역시 더욱 명확해질 수 있다. 또 러빙 리더십을 통해 아이에게 어떠한 종류의 정서적·사회적 능력을 가르치고 싶은지 생각해 보는 것도 필요하다.

우리가 아이들에게 흔히 가르쳐주고 싶어 하는 사회적 능력 중 하나는 아이가 건강하게 자신의 감정을 조절하는 방법이다. 아이가 즐거운 감정과 불쾌한 감정을 인식하고 조절하는 법을 배우는 것은 정말 중요하다. 슬플 때 우는 것이 나의 감정을 조절하는 데 어느 정도로 도움이 되는지, 화가 날 때 인형을 던져 화를 표현하는 것이 어느 정도로 마음에 위안이 되는지를 스스로 파악하는 것이다. 마찬가지로 아이들이 흥분과 기쁨을 표현하는 법을 배우는 것도 아주 중요하다. 부모가 기쁘거나 신나는 일을 마주했을 때 느끼는 감정을 적극적으로 표현하면 아이들 역시 그 모습을 보고 감정을 표현하는 법을 배울 수 있다.

감정 표현은 아이의 어떤 욕구가 채워졌고 또 어떤 욕구는 채워지지 못했는지를 알려주는 지표이기도 하다. 그렇기에 아이가 어떤 감정을 느끼든지 그 감정을 숨길 필요가 없고 모든 감정은 정당하다는 점을 가르쳐야 한다. 만약 아이가 유치원이나 학교에서 잔뜩 흥분한 상태로 돌아왔다면 지금 아이에게 필요한 것이 무엇인지 아이와 함께 이야기 나눠보자. 다만 아이의 해소 방식이 지금 당장 놀이터에 나가 노는 종류의 것이라면 러빙 리더십을 통해 잠시 아이가 쉴 수 있도록 안내하는 것도 좋다. 그러면 아이가 감정을 억누르거나 건강하지 않은 대응 방법에 익숙해지는 것을 막을 수 있다.

아이에게 가르쳐주고 싶은 또 다른 사회적 능력은 욕구 중심의 자기관리 전략이다. 러빙 리더십을 통한 육아의 주요 목표 중 하나는 아이들이 스스로 무엇이 필요한지를 알고 그것을 채우기 위한 건강한 전략을 찾게 하는 것이다. 앞서 설명한 것처럼 아이가 흥분했을 때 잠깐 쉬며 감정을 해소했던 경험을 통해 어떤 상황에서 휴식이 필요한지 배울 수 있고, 슬픔을 느낄 때는 애정을 통해 나를 위로해 줄 사람을 찾는 등 보호와 애정에 대한 욕구를 채우는 방법을 배울 수도 있다. 이러한 방법을 잘 익힌 아이들은 훗날 자신이 무엇을 필요로 하는지 쉽게 파악하고 이를 잘 채우고 또 자신의 욕구에 따라 삶에서 중요한 결정을 올바로 내려 충만하고 행복한 삶을 살 수 있다.

그 밖에도 아이들이 다른 사람의 입장이 되어 이해하는 법을 배우는 것도 중요하다. 다른 사람의 입장을 이해하는 것은 아이가 집단의 일원이 되고, 사회적인 관계를 형성하고, 때로는 자기 욕구보다 공동체의 이익을 먼저 생각하는 것 등 사회성을 기르기 위해 반드시 배워야 하는 부분이기 때문이다.

부모는 아이들에게 건강하게 감정을 조절하는 모습, 자기 욕구를 스스로 채우는 모습, 공감을 통해 다른 사람의 입장을 이해하는 모습을 먼저 보여줘야 한다. 그런 다음 아이가 스스로 실천할 수 있도록 도와주는 것이다. 만약 아이가 혼자서 해결하기 어려운 상황을 마주했다면 적절한 도움을 통해 목표를 달성할 수 있다.

하지만 가끔은 아이에게 좋은 역할 모델이 되거나 직접 경험하게 하는 것만으로는 충분한 가르침을 주지 못할 때도 있다. 바로 이런 상황에 러빙 리더십이 필요하다. 이때는 내가 어떤 목표로 아이를 지도하는지를 분명히 알아야 러빙 리더십을 실천하기 더 쉽다. 그러니 항상 '내가 지금 이렇게 행동하는 이유가 뭐지?', '지금 내가 아이에게 자율권을 주는 대신 러빙 리더십으로 지도하려는 이유가 뭐지?'라는 질문에 답을 해보자.

부모가 자기 행동의 이유를 알고 있으면 나의 이 행위가 아이의 어떤 욕구를 채울 수 있는지 알고 그 의도에 맞게 행동하기 더 수월해진다. 러빙 리더십을 실천할 때는 언제나 아이의 정서적인 안정감, 건강, 훈육, 안전, 경계선, 질서, 행동의 방향, 구조, 보호와 같은 욕구를 충족하는 데 중점을 두어야 한다.

다시 한번 강조하지만 내가 나를 사랑하고, 우리 아이에 대한 사랑과 공감을 바탕으로 행동할 때 나의 모든 행위가 더욱 자신감이 있고 분명해질 수 있다. 이러한 비폭력 의사소통의 기본 원칙에 따라 사랑과 공감의 자세로 행동하는 데 다음과 같은 생각이 도움이 될 수 있으니 항상 유념하자.

🌱 날개를 달아주는 말

내 아이의 행동은 나에게 맞서려는 의도가 아니라
스스로를 위한 것이다.
아이는 지금 본인이 할 수 있는 최선을 다하고 있다.
아이가 하는 행동이 나에게 어떤 감정을
불러일으킬 수는 있지만, 내가 느끼는 감정은
모두 내가 책임져야 한다.
아이는 가족 구성원 모두와 행복하게 지내기 위해
노력할 의지를 갖고 있다.

이러한 마음가짐과 함께라면 아이의 어떤 행동에도 섣불리 판단하지 않고 더 차분히 대응할 수 있다. 아이들은 나를 괴롭히기 위해 그렇게 행동하는 것이 아니다. 이 사실을 염두에 두면 도발적으로 보이는 아이들의 행동에도 차분하게 대응할 수 있으며 아이와의 갈등 상황에서도 아이가 나를 공격한다거나 위협한다고 생각하지 않을 수 있다.

마음의 확신과 함께
러빙 리더십을 실천한다면

러빙 리더십을 통해 아이들을 지도할 때 가장 중요한 것은 언제나 나와 아이를 보살피고 안전하게 보호하는 것이다. 그다음 중요한 것은 우리 가족 모두가 편안하게 지낼 수 있도록 주의를 기울이는 것임을 명심하자.

앞서 우리는 러빙 리더십의 필요성을 잘 알고, 더 확실하게 실천하기 위해 우리 마음 속 확신을 갖기 위한 3단계 실천법을 알아보았다. 이를 통해 나 스스로에 대해 정확히 파악하는 것은 물론이고 우리가 아이에게 어떤 가르침을 줘야 하는지 배울 수 있었다. 그렇다면 이러한 마음의 확신과 함께 러빙 리더십을 실천하는 상황에는 어떤 것이 있을까?

아이가 아이스크림을 세 개째 먹겠다고 떼를 쓸 때 '안 돼'라고 단호히 거부할 수 있다. 이런 행동은 부모로서 아이를 건강하게 보살피려는 나의 욕구와 함께, 건강한 생활이라는 아이의 욕구 또한 채워주는 것이다. 물론 표면적으로는 아이가 원하는 것을 거부하는 상황으로 보일 수 있지만 사실 그 내면에는 아이에 대한 사랑과 공감이 담겨 있음을 모두 안다. 만약 아이에게 단호하게 거절의 말을 전달하는 데 어려움을 느낀다면 '아직 너무 어리기 때문에 과한 설탕 섭취가 건강에 해롭다는 사실을 이해하는 데 어려움을 느끼는 게 당연해. 아이가 더 먹고 싶다고 떼를 쓰는 건 나에게 맞서려는 게 아니라 현재 자신이 원하는 것을 얻고자 행동하는 것일 뿐이야'라고 생각해보자.

또 다른 상황은 아이가 다른 아이에게 욕을 할 때 부모로서 그 상황에 개입하는 것이다. 이때 발휘할 수 있는 러빙 리더십은 부모로서 아이를 보살피려는 나의 욕구와 함께 정서적으로 건강하게 생활하려는 아이의 욕구, 또 보호받고자 하는 다른 아이의 욕구를 모두 채우는 것이다. 이를 위한 방법으로는 아이에게 "엄마가 도와줄까? 너 지금 정말 화가 나 보여"라고 대화를 건네보자. 이때 아이가 욕을 한 것에 대해 혼을 내거나 비난하는 것이 아니라 아이를 사랑하는 마음으로 행동해야 한다. 이때는 '아직 화가 났을 때 그 감정을 표현하는 다른 방법을 몰라서 욕을 내뱉은 거야. 내가 다른 표현 방식을 알려주면 돼'라고 생각하자. 더불어 우리 아이를 분노의 상황에서 빼냄으로써 다른 아이를 보호하고, 공감하며 진정시킬 수 있다.

아이가 이유 없이 물건을 던지려고 할 때는 아이의 손을 잡고 행동을 제지한다. 부모로서 아이를 보살피고자 하는 나의 욕구와 건강한 신체를 유지하려는 아이의 욕구를 모두 채울 수 있다. 이런 상황에서는 아이가 던지려던 물건에 다른 사람이 다치지는 않았는지, 물건이 훼손되지는 않았는지 여부도 확인해야 한다. 이때도 아이에 대한 사랑을 바탕으로 행동해야 하며 '아이가 일부러 하는 행동이 아니고 그저 물건 던지는 것이 재미있어서 하는 행위일 뿐이야'라고 생각하면 러빙 리더십을 발휘하는 데 도움을 얻을 수 있다.

제 3 장

나와 아이의 마음을
함께 보호할 수 있는
방패 세우기

우리는 모두 각자의
방패가 필요하다

대부분 친구나 부모님, 아이, 모르는 사람, 혹은 우리 아이의 선생님으로부터 나 자신이나 우리 아이에 대한 유쾌하지 않은 평을 들어본 적 있을 것이다. 그런 말을 들을 때면 그 자리에서 바로 매섭게 받아치며 나와 내 아이를 지키고 싶은 마음이 굴뚝같지만 사실 그렇게 행동하는 건 말처럼 쉽지 않다. 일단 그런 말을 듣자마자 바로 알맞은 대답을 떠올리는 것도 어렵고, 섣불리 반응해 상대방에게 오해를 받는 상황도 두렵다. 나의 말로 분위기가 불편해지거나 미움을 사게 될까 걱정스럽기도 하고, 상대방이 나에 대해 부정적인 의견을 갖거나 예민한 사람 취급하는 상황도 마주하기 싫다. 결국 아무 말도 하지 않거나, 당장 받아치기보다는 조금 더 시간을 들여 이 상황에 대해 생각해 보게 된다.

하지만 어떠한 말을 듣고 심장이 너무 빠르게 뛰거나 가슴이 조이거나 무거운 느낌이 들고 답답함을 느끼는 등 신체적으로 불쾌한 느낌이 든다면 그 말은 명백하게 선을 넘은 발언이다. 이때는 나와 우리 아이를 보호하기 위한 분명한 행동이 필요하다.

우리가 아직 어린아이일 때는 이러한 경계선이 잘 지켜지지 않을 때가 훨씬 더 많았다. 특히 우리 부모님 세대는 더더욱 방법을 몰랐기 때문에 그들 멋대로 우리의 경계선을 무시하거나 침범하는 일이 빈번하게 발생했다. 또 과거에는 조용한 아이가 착하다는 평가를 받았기에 아이가 부당한 대우에 화를 내고 있는지, 즐거워 신이 나게 웃는지 등 상황을 전혀 고려하지 않은 채 자신의 감정을 표현하고 부당한 상황에 의견을 제시하는 아이들을 그저 '너무 시끄러운 아이'로 취급하곤 했다. 그러다 보니 '사랑받고 싶어'라거나 '내가 조용히 해야 사람들이 좋아할 거야'라는 생각에 불만을 표현할 생각조차 하지 못하는 일이 다반사였다.

이러한 환경에서 성장한 우리는 성인이 되어서도 나의 경계선이 어디쯤인지를 파악하는 것부터가 쉽지 않다. 그리고 누군가 그 선을 넘었을 때 분명하게 표현하고 선을 그을 용기를 내기가 정말 어렵다. 하지만 부모로서 아이를 지키기 위해서는 먼저 나의 경계선이 어디인지를 알고 스스로를 지킬 수 있어야 한다. 그래야 내 아이의 경계선은 어디쯤인지 파악할 수 있으며 누군가 그 선을 넘으려 할 때 분명하게 개입할 수 있다.

러빙 리더십에서는 더 효과적으로 선을 지키기 위한 전략으로 방패 세우기를 제안한다. 지금부터는 나와 내 아이를 위해 어떻게 하면 단단한 방패를 세울 수 있는지 그 방법을 알아보고, 올바르게 방패를 세우는 것이 나와 아이를 지키는 데에 얼마나 중요한 일인지에 대해서도 알아보도록 하자.

나를 위한 방패를 세울 때
필요한 마음가짐

심리학자 알프레드 반두라Alfred Bandura는 그의 사회인지 학습 이론에서 아이들은 관찰을 통해 배운다고 했다. 결국 부모인 내가 다른 사람이 넘지 말아야 할 나의 경계선을 명확히 알려주는 모습을 보여주는 것이야말로 가장 좋은 학습인 셈이다. 아이에게 직접 선이 어디인지 알려주는 것도 효과적이지만, 내가 다른 사람에게 선을 긋는 모습을 아이가 보는 것도 똑같이 도움이 된다. 그 상황에서 아이는 내가 말하는 내용이나 방식, 말을 할 때의 몸짓뿐 아니라 다른 사람들의 반응 또한 관찰할 수 있다. 그러면 비슷한 상황을 마주했을 때 부모의 행동을 모방해서 스스로 방패를 세우는 경험을 할 수 있다.

하지만 앞서 말했듯 자신의 경계선을 알고 이를 지키는 행위를 부담스럽고 어려워하는 부모도 많다. 어린 시절 보호나 경계선에 대한 욕구가 충분히 채워지지 않은 탓이다. 부모님이 자주 소리를 질렀거나, 심하게 싸웠다거나, 형제자매간 다툼을 방관했다면 보호에 대한 욕구가 채워지기 어렵다. 이러한 성장 배경을 가진 사람은 나이가 들어 부모가 되어서도 나의 선이 어디쯤인지, 누군가 나의 선을 넘은 것을 어떻게 알아채고 어떻게 대응해야 하는지 알지 못한다. 우리에게 상담받았던 부모 중에는 이런 말을 하는 이들도 많았다.

"항상 모든 것을 참고 받아들이는 게 맞는데 도저히 그럴 수가 없어요."

"아이들이 신체적인 경계선을 침범하는데도 어떻게 대응해야 할지 모르겠어요."

"아이들이 소리를 지르고 성질을 부릴 때면 아무것도 할 수가 없어요."

"아이가 물리적인 공격을 할 때마다 힘이 빠져요. 어떻게 해야 하죠?"

하지만 다시 말한다. 기본적으로 부모가 나와 아이의 경계선을 지키고 보호할 수 있어야 러빙 리더십을 실천할 수 있다. 여기서 말하는 보호란 아이의 신체적인 안전뿐 아니라 정서적으로 건강한 상태를 유지하는 것을 뜻하기도 한다. 아이가 다치지 않고 건강한 상태를 유지하는 것은 생존을 위한 기본이며, 마음과 정신이 다치지 않고 온전할 때 정서적으로 건강할 수 있다. 따라서 우리는 외부의 공격으로부터 신체저·정신적 건강을 모두 지켜내야 한다.

방패를 세운다는 것은 스스로를 보호하기 위한 하나의 전략으로 경계선을 긋는 행위다. 이때 머릿속으로 상대방과 나 사이에 진짜 방패를 세우는 모습을 상상하는 것도 도움이 된다. 이 방패는 물리적인 공격으로부터 상처 입지 않도록 행동을 취하는 것일 수도 있고, 언어적 혹은 감정적인 공격에 대응해 나의 마음을 보호하는 것일 수도 있다.

방패를 세우는 방식은 상황에 따라 달라지는데, 매우 단호하게 대응하거나 혹은 상대에게 공감하고 존중하는 방식 두 가지로 나눌 수 있다. 가장 이상적인 방식은 이 두 가지 방식을 적절히 혼합해 단호하면서도 공감하는 방식으로 대응하는 것임을 알자.

물론 부모와 아이의 관계에서도 선을 넘는 상황은 매우 빈번하게 발생한다. 아이가 의도를 가지고 하는 행동은 아니더라도 부모님을 발로 차거나 때리거나 침을 뱉는 것처럼 폭력적인 행동을 보일 때는 반드시 부모에게 방패가 필요하다. 방패를 세워 나의 경계선이 어디인지 아이에게 분명히 알려주고 내가 다치지 않도록 스스로를 보호해야 한다.

정신 건강을 위협하는 요소에는 외부의 평가, 해석, 비판, 조종, 협박과 같은 것이 있다. 그런데 사실 이런 위협들이 꼭 외부에서 오지는 않는다. 스스로를 책망하고 비난하는 것 역시 정신 건강에 해롭기는 마찬가지다. 실제로 상담을 진행하는 많은 부모들이 가장 강하게 비판하는 대상은 그 누구도 아닌 바로 자기 자신이다. 그러니 어쩐지 마음이 불편하다면 '내가 지금 스스로를 비판하면서 내가 지켜야 할 선을 넘고 있는 것은 아닐까?'라고 생각해 보자.

사실 스스로를 비판하는 것은 나의 마음속 가장 약하고 여린 부분을 공격하는 일이기도 하다. 게다가 그 상처를 받아들이고 보듬어주어야 하는 것이 바로 나 자신이기 때문에 더욱 괴로움을 느낀다. 이러한 감정적인 공격에서 스스로를 보호하기 위해서는 나를 지키고 마음의 확신을 잃지 않기 위한 소통 전략이 필요하다.

부모인 나를 보호하기 위한 방패 전략을 실행할 때 유념해야 할 것은 무엇보다 바로 마음가짐이다. 이때도 역시 앞에서 소개한 비폭력 의사소통의 기본 원칙을 따르는 것이 중요하다.

여기서 비폭력 의사소통의 기본 원칙을 다시 소개하자면 첫째, 내가 나를 지키려는 행동이 상대방에게는 강한 반발심을 불러일으킬 수 있음을 아는 것이다. 비록 내 행동에 상대방을 비난하려는 의도가 전혀 없고 오로지 나를 지키기 위한 것이라고 해도, 의도와는 상관없이 나의 행동이 상대방에게 감정을 불러일으킬 수도 있다는 사실을 인지해야 한다.

비폭력 의사소통의 두 번째 원칙은 다른 사람들로 인해 내가 특정 감정을 느낄 수 있지만, 그 사람이 내가 느끼는 감정의 원인이 아니라는 사실을 유념하는 것이다. 그러니 나를 보호하는 데 집중하며 상대방의 감정은 내 것이 아니라 그 사람의 것임을 알자.

세 번째 원칙은 그 누구도 일부러 나를 화나게 하려고 행동하지 않는다는 사실을 아는 것이다. 그 사람의 행동은 그저 자기 자신을 위한 것일 뿐이다. 나도 오직 나를 위해서만 선을 긋는 것일 뿐 다른 사람과 맞서려는 것이 아니며, 상대방 행동의 옳고 그름을 판단하지 않고 나를 보호하기 위해 행동해야 한다.

그러면 나와 아이를 보호하기 위해서는 어떤 마음가짐을 가져야 할까? 누군가 나의 선을 넘었을 때 그 행동을 비난하지 않고, 분명하게 경계선을 알려줘 스스로를 보호해야 한다. 이때는 상대방의 행동을 이해하거나 받아주지 않아도 괜찮다. 나는 내 아이를 비롯한 다른 사람의 행동에 반대하는 것이 아니라 나의 안전과 건강을 지키기 위해 행동하는 것임을 반드시 기억하자.

나를 위한 방패가 필요할 때
나는 어떻게 행동해야 할까

방패 전략은 부모로서의 나를 보호하거나 상대방에게 경계선을 알려줄 필요가 있을 때마다 사용하는 전략이다. 지금부터는 부모로서 내가 어떻게 효과적으로 방패를 세울 수 있는지 구체적인 상황을 통해 적절한 대응 방법을 알아보자.

아이의 물리적 신체 공격에 대응하는 방법

아이가 때리고 발로 차고 침을 뱉고 할퀴는 등 물리적인 공격을 가할 때면 마음속 방패를 세우는 정도로는 상황을 해결할 수 없다. 이때는 나 역시 물리적으로 힘을 사용해 아이의 행동을 적극적으로 저지해야 한다. 아이가 이러한 행동을 보이는 이유는 자신의 상태를 부모에게 전하고 싶음에도 아직 다른 올바른 방법을 모르기 때문이다. 그러니 아이가 그런 행동을 한다고 혼을 내거나 비난하지 않도록 주의하

자. 특히 이러한 신체적 제재는 아이가 단 한 번이라도 공격성을 보였을 때 곧바로 진행되어야 함을 명심하라. 아이의 물리적 공격을 멈추기 위한 구체적인 방법은 다음과 같다.

- ◆ 아이가 때릴 때: 아이의 팔꿈치를 손으로 잡고 팔이 움직이는 방향을 따라 같이 움직이다가 방향을 틀어 나의 신체에서 멀리 떨어뜨린다.
- ◆ 아이가 발로 찰 때: 아이의 발목을 손으로 잡고 발이 움직이는 방향을 따라 같이 움직이다가 방향을 틀어 나의 신체에서 멀리 떨어뜨린다.
- ◆ 아이가 때리거나 할퀴거나 발로 찰 때: 베개나 쿠션을 이용해 막는다.
- ◆ 아이가 침을 뱉을 때: 손으로 아이의 머리를 살짝 돌려서 다른 곳에 침이 떨어지도록 한다.

이때 가장 어려운 점은 아마도 아이의 행동을 야단치거나 비난하지 않는 것일 테다. 과거 우리는 비슷한 행동을 보였을 때 혼이 나거나 벌을 받은 적이 너무 많았다. 그런 기억 탓에 우리 마음속 내면아이(상담이나 심리학, 마음챙김에 등장하는 개념으로 인간의 무의식 속 어린 시절의 아픔과 상처로 인한 자아를 말한다─옮긴이)는 비슷한 상황이 왔을 때 당황하고 위협받는 기분을 느끼며 두려워한다.

하지만 우리는 아이를 사랑으로 가르치고 아끼며, 아이가 성장하는 과정에서 감정과 욕구를 성숙하게 표현하는 방법을 배우도록 할 의무가 있다. 아이가 공격하는 상황에서 부모로서 나의 책임은 나와 아이를 비롯해 주변 사람이나 사물이 다치거나 피해를 입지 않도록 하는 것이다. 그러니 부모로서 그 상황을 피하거나 숨지 않고 항상 아이와 함께해야 한다. 그리고 "타인을 다치게 하면 안 돼!"라고 단호하게 말하며 공격을 막거나 아이의 행동 방향을 바꿔야 한다. 단호한 명령 외에도 신체적 개입을 통해 아이에게 넘지 않아야 하는 선을 알려주는 것이다.

이때는 지금 내가 부모가 가진 힘을 남용하는 것이 아니라 아이를 사랑하는 마음으로 지도하는 중이라는 사실을 꼭 기억하자. 행동은 분명하게 하되, 공감하는 마음으로 아이를 대하는 것이다. 이런 상황에서는 '그래, 엄마 아빠가 네가 할 수 있도록 도와줄게!'라거나 '그래, 네가 지금 다른 방법을 모르기 때문에 이렇게 행동하는 거구나'라는 생각을 떠올리는 것도 도움이 된다.

평가받고, 지레짐작당하고, 비난받는 상황에 대응하는 방법

다른 사람에게 "너 진짜 피곤하다!", "왜 그렇게 과하게 반응해?", "네가 뭘 하겠니"처럼 부정적인 평가나 비난을 받는 경우 나도 모르게 스스로를 피곤하거나 행동이 과한 사람, 혹은 아무것도 할 수 없는 사람이라고 생각하게 되는 경우도 있다. 더 큰 문제는 이러한 생각 때문에 강한 수치심과 죄책감을 느끼며 심할 때는 자존감에 상처를 입는 것이다. 하지만 이러한 평가와 짐작, 비난이 우리의 자아를 공격할 때는 이를 공격으로 받아들이고 상처받는 대신, 상대방이 자신의 감정이나 필요를 표현하는 것이라고 받아들이며 적절한 선을 긋는 게 더 낫다.

"너 진짜 피곤하다!"라는 말에는 "너는 지금 내 행동이 피곤하다고 생각하는구나? 너는 지금보다 좀 가벼운 분위기를 원하니?"라는 대답으로, "왜 그렇게 과하게 반응해?"라는 말에는 "나는 나를 돌보려고 이렇게 반응하는 거야. 너도 나를 이해해 보려고 이 질문을 하는 거지?"라고 대응하며 "네가 뭘 하겠어!" 같은 말에는 "나는 있는 그대로 지금 내 모습이 좋아. 네가 나를 걱정하기 때문에 그런 말을 했다고 생각해도 될까?"라고 반응할 수 있다.

다른 사람뿐 아니라 스스로에 대한 부정적인 생각을 할 때도 동일한 방식의 대응이 가능하다. 우리는 때때로 그런 생각에 지난 행동을 후회하고 자신을 비난한다. 이런 자기비하적인 태도는 '내가 이런 걸 어떻게 해'라거나 '나는 아무것도 못 하는 사람이야'와 같은 생각으로 이어지기 쉽지만, '나는 최선을 다해 나 자신을 보살피려고 노력하고 있어'라는 생각을 반복하며 자기비하로부터 벗어나야 한다. 스스로를 존중하고 있는 그대로의 내 모습이 얼마나 소중한지 의식적으로 생각해야 한다.

다른 사람의 감정적 조종이나 협박에 대응하는 방법

"너 때문에 슬퍼", "'너 때문에 기분이 좋아" 같은 감정적인 협박이나 "너도 내가 행복하기를 바라는 거 아니야? 그런데 왜 그렇게 행동하는 거야?"라는 말처럼 나의 행동을 조종하려는 말을 하는 사람은 자신의 감정을 나의 탓으로 돌리려는 의도를 갖고 있다. 하지만 내 감정이 나의 책임인 것처럼 다른 사람의 감정은 그 사람의 책임이다. 그러니 이런 행동에는 분명하게 선을 그어야 한다.

이를 위해서는 상황을 조금 더 자세히 바라볼 필요가 있다. 우선 나의 행동이 다른 사람에게 특정 감정을 불러일으킬 수 있다는 사실 자체는 인정해야 한다. 하지만 상대방이 그러한 감정을 느끼는 이유는 내 행동 때문이 아니라 그 사람의 욕구가 채워지지 못했기 때문임을 다시 한번 명심하자. 인간은 누구나 자기 감정을 다스릴 책임이 있다. 그리고 지금 내가 나의 어떤 욕구 때문에 현재 그런 감정을 느끼는지 생각하고 해결하려는 책임을 다해야 한다. 이 역시 비폭력 의사소통의 원칙 중 하나다.

만약 누군가 나에게 "너 때문에 슬퍼졌어!"라는 말을 하면 어떻게 반응해야 할까? "너는 지금 슬프구나?"라는 말이면 충분하다. "너도 내가 행복하기를 바라는 거 아니야?"라는 말에는 "너는 행복하고 싶구나!"라고 대답해 그 감정의 책임을 내가 아닌 상대방에게 다시 돌려주면 된다. 이러한 방식으로 상대방과 나 사이에 분명한 선을 긋는 것이다. 때로는 "잠깐, 네 감정은 네가 알아서 해야지"처럼 직접적인 말도 도움이 될 수 있다.

보상과 처벌에 대응하는 방법

아이의 행동을 단순히 보상과 처벌이라는 기준에 따라 판단하면 부모 입장에서는 아이를 바르게 지도해야 할 책임에서 자유로워질 수 있어 편하다. 그저 칭찬하며 상을 줄 것인지, 혼을 내고 벌을 줄지만 결정하면 되니 말이다. 이는 부모뿐만 아니라 아이 주변 모든 사람 역시 마찬가지다. 그런데 이 말인즉슨, 부모가 노력하여 아이를 단순히 보상과 처벌의 기준으로 판단하지 않는다 하더라도, 아이가 주변 환경을 통해 그 기준을 배울 수도 있다는 이야기이기도 하다.

이러한 상황을 예방하려면 아이에게 올바르게 가치를 판단하는 방법을 가르쳐줘야 한다. "네 행동에 대한 엄마의 생각은 엄마의 문제야. 마찬가지로 엄마의 감정 역시 엄마 스스로 결정하는 거란다"라는 식으로 말하는 것이다. 만약 아이와 함께 있을 때 타인으로부터 내 행동에 대해 "정말 훌륭하네요!"라는 칭찬을 받은 상황이라면 "제 행동으로 당신이 기쁘다니 저도 기뻐요!"라는 대답을 통해 평가 기준을 내 행동이 아닌 다른 사람의 감정으로 전환하는 모습을 보여줄 수도 있다.

반대로 "아이가 내일까지 숙제를 해 오지 않으면 벌을 받을 수도 있으니 더 신경 써주세요"라는 식의 처벌 상황이 벌어진다면? 일단 상대방의 말에 어떠한 욕구가 숨어 있는지 파악해 볼 필요가 있다. 그러면 "선생님은 신뢰를 중요하게 생각하시는군요!"라는 식으로 상대방의 기준에 맞춰주지 않으면서도 상대를 이해하는 방식으로 대응할 수 있다. 이러한 대응이 반복되다 보면 상대방이 어떤 감정적 공격을 하든 분명히 선을 그을 수 있게 된다. 나 스스로를 지키는 단단한 방패를 세우는 방법을 익히는 것이다.

　그렇다면 우리가 아이들을 돌보며 마주하는 방패가 필요한 상황들에는 어떤 것들이 있을까? 여러 상담 사례를 통해 나와 아이를 보호해야 하는 상황과 올바른 방법을 알아보도록 하자.

나를 위한 방패가
필요한 순간들

상담 사례 1 ∙∙

두 아이의 아버지인 빅토르는 아버지로서 올바르게 행동하는 데
어려움을 겪고 있다. 빅토르는 아이가 태어나기 전부터 이미 어떤
아버지가 되고 싶은지 구체적으로 생각하고 준비해 왔지만 막상
아이가 태어나니 상황이 전혀 달라졌다. 일상에서 한계에 부딪히
는 날들이 점점 많아지자 자연스레 '나는 나쁜 아빠야!'라고 자책
하는 마음이 강해졌다.

빅토르는 현재 스스로를 평가하고 비난하는 일상에 빠져 있다. 이
렇게 자책의 상황에 빠져 있다면 스스로를 지키는 방패를 세우는 데
힘써야 한다. 이때 가장 먼저 해야 할 일은 나를 괴롭히는 사람이 나

자신이라는 사실을 인정하는 것이다. 그런 다음 내가 스스로를 어떻게 생각하는지 나와 관련한 모든 생각을 잘 살피고, 그 너머에 무엇이 숨어 있는지 알아내야 한다. 다른 사람과 마찬가지로 나에 대한 나의 생각 너머에도 감정과 욕구가 숨어 있다.

빅토르가 이러한 상황에 대응해 방패를 세우는 첫 번째 방법은 우선 '그만해!'라고 생각하며 자책을 당장 멈추는 것이다. 일단 생각을 멈추는 데 성공했다면 그다음은 나의 마음을 들여다볼 차례다. '나는 나쁜 아빠야'라고 생각할 때 어떤 감정을 느끼는지 살펴보자. 슬픔, 죄책감, 좌절감, 걱정 등 다양한 감정이 있을 테다. 이때 이러한 제각각의 감정 너머에는 어떤 욕구가 숨어 있는지 알아채는 것이 중요하다. 즉, '나는 스스로를 나쁜 아빠라고 생각하는데, 그건 내가 앞으로 어떻게 행동해야 할지를 몰라 좌절했기 때문이라는 사실을 깨달았어. 훌륭한 아빠의 역할을 해내는 것이 부담돼. 아마 지금 나는 누군가의 도움이 필요한가 봐'라는 식으로 스스로의 감정과 상황, 해결 방안 등을 생각하는 것이다.

일단 원인이 무엇인지를 파악했다면 문제를 해결하기 위한 전략을 찾는 일은 훨씬 수월하다. 물론 처음부터 쉽지는 않다. 나의 욕구를 채우는 일은 다른 누구도 아닌 나 스스로 해내야 하는 일이기 때문이다. 그렇지만 내가 나를 돕는 일이 꼭 거창하거나 어려울 필요는 없다. 예를 들어 너무 지치는 하루라면 건조대에 빨래가 쌓여 있어도 빨래 개는 일을 하루쯤 미뤄도 괜찮다. 약속을 취소하는 것도 나를 돌보는 일이다. 물론 다른 사람의 도움을 받는 것 역시 방법 중 하나다. 방패를 세운다는 것은 그 대상을 책임지고 보호하는 것임을 명심하자. 이것이 바로 러빙 리더십 교육법의 핵심이다.

두 번째 빅토르가 대응할 수 있는 방패 전략은 '나는 내가 나쁜 아빠라는 생각이 들었는데, 그건 아이의 행동이 무엇을 표현하려고 하는지를 이해하지 못해서 슬프기 때문이라는 것을 알게 되었어. 나는 아이의 행동을 이해하고 싶어!'라는 생각에 도달한 상황에서 적용할 수 있다. 이때는 다른 사람의 감정을 이해하는 시도를 연습해야 한다. 이 연습은 혼자서도 쉽게 할 수 있는데, 우선 아이의 행동을 마치 녹화된 영상을 보는 것처럼 중립적으로 관찰하는 것이다. 아이가 어떤 모습이 보이고, 어떤 소리를 내는지 객관적으로 지켜본 뒤, 이어서 아이가 어떤 감정을 느끼는지 관찰한다. 이때는 아이가 화를 내고 있는지, 슬퍼하는지, 아니면 무서워하고 있는지를 파악해야 한다. 그런 다음 이 감정을 통해 아이에게 어떤 욕구가 충족되지 않았는지, 아이에게 정확히 무엇이 필요한지를 살펴본다. 마지막으로 아이와 함께 그 상황에 대한 해결책을 찾을 수 있는데, 전문가의 도움을 받을 수도 있다.

마지막으로 빅토르가 대응할 수 있는 세 번째 방식은 '내가 나쁜 아빠라고 생각한 이유는 아이가 건강하게 잘 자라기를 바라는 걱정 때문이라는 걸 깨달았어. 나는 내 아이가 정서적으로 건강하게 지내도록 보살피고 싶은 거야'라는 생각에 도달한 상황이다. 이때는 아이의 정서적인 건강을 돌보기 위해 무엇이 필요한지, 그리고 그 과정에서 아이를 돌보고자 하는 나의 욕구도 함께 충족하기 위해서는 무엇이 필요한지 생각해 볼 수 있다. 이때도 필요하다면 전문가의 도움을 받을 수 있다.

무엇보다 명심해야 할 것은 다른 사람의 마음을 처음부터 잘 이해하는 사람은 없다는 것이다. 그러니 부담감은 내려놓고 연습, 연습, 연습에 매진하자.

상담 사례 2 ··

마그다는 친구와 대화를 나누고 있었다. 그런데 마그다가 친구에게 엄마가 되는 일은 정말 쉽지 않고, 딸이 태어나기 전보다 친구와 함께 보내는 시간이 적어 안타깝다는 이야기를 하자 친구에게서 "그냥 너나 좀 챙겨!"라는 반응이 돌아왔다.

친구가 마그다에게 전한 말의 속뜻은 "너는 너를 너무 안 챙겨!"와 같다. 여기에는 마그다의 행동을 평가하거나 짐작하고 비난하는 태도가 포함되어 있다. 이런 상황에서는 일단 '친구는 나를 화나게 하려는 게 아니야. 아마 지금 나에게 본인의 상태를 설명하고 싶은 거야'라는 것을 기억하자.

마그다 역시 다양한 방식으로 상대방에게 선을 그을 수 있다. 그 첫 번째 방식은 공감이다. 앞의 빅토르 때와 마찬가지로 그 말을 들었을 때 내 감정이 어땠는지, 지금 나에게 무엇이 필요한지, 그리고 내가 나를 어떻게 도울 수 있는지 생각해 보는 것이다. 그리고 상대를 관찰하면서 나의 반응에 상대방이 어떤 감정을 느끼는지, 그 말을 통해 실제로 상대방이 하고 싶었던 말이 무엇인지 알아볼 수도 있다. 이를 통해 서로의 감정과 욕구에 대해 이야기를 나눌 수 있다. 마그다와 친구의 대화를 이러한 방식으로 진행시켜 보자.

"그냥 너나 좀 챙겨!"

"내 걱정을 해주는 거야?"

"응. 너 곧 무너질 것 같아. 나는 안다고!"

"너는 나를 걱정하고, 내가 잘 지내도록 도와주고 싶구나. 그 말을 하고 싶은 거지?"

"맞아, 바로 그거야. 나는 네가 잘 지냈으면 좋겠고, 내가 할 수 있는 게 있다면 뭐든 돕고 싶어."

"네가 나를 어떻게 도와줄 수 있는지 말해줄까?"

"좋아!"

이 대화를 통해 나는 친구에게 나를 어떻게 도와줄지 제안할 수 있으며, 친구는 나의 제안을 본인이 할 수 있는지 고민하고 다른 대안을 제시할 수도 있다. 만약 상대방의 도움이 필요하지 않다면 "그렇구나. 도와준다고 해줘서 고마워. 하지만 지금은 도움이 필요하지 않아. 만약 도움이 필요하게 되면 너한테 연락해도 될까?"와 같은 식으로 반응하면 된다.

물론 상대방의 "그냥 너나 좀 챙겨!"라는 말이 그저 나를 걱정하는 말일 수도 있다. 그때는 "나를 걱정하고, 내가 어떻게 지내는지 알고 싶은 거지?"와 같은 식으로 반응할 수 있다. 아니면 일단 상대방이 한 말이 구체적으로 어떤 의미인지를 물어보는 방법도 있다.

마그다의 첫 번째 방패 전략을 통해 상대의 평가, 지레짐작, 비난에 휘둘리지 않고 상대방이나 그의 말을 비난하지도 않으면서 상대방이 실제로 나에게 어떤 말을 하려고 했는지 알아볼 수 있었다. 이처럼 현명하게 방패 전략을 활용하면 상대방과 의견이 달라도 대립하지 않고 평화롭게 해결할 수 있다.

마그다의 두 번째 방패 전략으로는 어떤 것이 있을까? 바로 상대방에게 덜 공감하고 나를 더 돌보는 방법이다.

"그냥 너나 좀 챙겨!"

"너는 너를 챙기고 내 삶은 내가 알아서 하게 해줄래?"

이 방식은 앞에서 다루었던 방식보다 갈등으로 이어질 가능성이 더 높다. 하지만 공감은 의무가 아니다. 공감은 자발적인 것이며 지금 내가 상대에게 공감하고 싶지 않다면 선을 그어 상대방과 나를 분리하고, 상대방이 어떻게 반응하는지 지켜본 뒤 그에 따라 대응하면 된다. 선을 긋는 우리의 행동에 상대가 공격받았다고 느낀다 할지라도 그 감정은 그 사람이 결정해야 하는 부분이다.

다만 이 방패 전략을 사용할 때는 어떤 마음가짐으로 행동하는지가 중요하다. 예를 들어서 '미친 거 아냐? 자기 일이나 제대로 하든 가!'라는 생각을 품고 저렇게 대응한다면 이는 러빙 리더십과는 거리가 멀다. 앞에서 설명했던 것처럼 '누구도 나를 화나게 하려는 게 아니야. 이 사람은 아마 지금 나에게 자기 자신에 대해 얘기하려는 거야'라는 태도를 유지하고 상대방을 비난하지 않는다면, 상대방을 사랑하는 마음을 유지하면서도 분명한 선을 그을 수 있다.

상담 사례 3 ●●●●●●●●●●●●●●●●●●●●●●●●●●●●●●●●●●●

요하나는 배우자와 함께 현재 그들의 관계에 대해 솔직한 생각과 걱정을 나누는 시간을 가졌다. 그런데 그 대화 이후 요하나의 배우자 역시 요하나의 생각에 너무나 깊게 빠진 나머지 함께 그들의 관계에 대해 걱정하기 시작했고, 밤에 잠도 제대로 이루지 못했다. 며칠 뒤 배우자는 요하나에게 이렇게 말했다. "당신 때문에 우리 관계에 대해 머리가 깨지게 고민하느라 며칠 동안 잠도 못 잤어."

이 사례는 '너 때문에!'라는 말로 상대방을 비난해 죄책감을 주고 이를 통해 상대를 자기 마음대로 조종하려는 경우다. 이 사례에서 가장 먼저 명심해야 할 것은 요하나의 배우자는 요하나를 비난하고 조종할 것이 아니라 자기 감정을 스스로 책임져야 한다는 것이다.

이와 같이 상대방이 나를 감정적으로 조종하려고 하는 상황에 대응하는 첫 번째 방법은 아주 강하게 선을 긋는 것이다. 우리는 이미 이런 상황에서 상대방이 나를 비난하는 말을 통해 전달하고 싶은 메시지가 있음을 알고 있다. 그에 대응하기 위해서는 "네가 잠을 잘지 말지는 내 책임이 아니지!"라고 말함으로써 상대방의 행동에 대한 책임이 나에게 있지 않다는 사실을 분명하게 알려줄 수 있다. 다만 이처럼 아주 분명하게 선을 그을 때도 상대방을 비난하는 마음이 아니라 사랑하고 공감하는 마음으로 행동해야 함을 명심하자.

앞의 방식보다는 상대방에게 좀 더 공감하고 싶다면, 일단 내 마음을 먼저 살핀 뒤 그다음 단계에서 상대방의 마음에 공감하는 방식을 선택하자. 예를 들어 이런 식으로 말하는 것이다.

"당신 때문에 머리가 깨지게 고민하느라 며칠 동안 잠도 못 잤어."
"그럼 당신은 지금 피곤한 상태겠구나. 그만큼 내 말이 많이 신경 쓰였던 거지?"
"응!"

이런 방식으로 상대방의 상태와 상황에 대해 공감을 했다면, 그다음 대화는 마그다가 그런 것처럼 함께 해결책을 찾는 방식으로 나아갈 수 있다. 마그다와 마찬가지로 상대방에게서 나에게 필요한 구체적인 도움을 요청할 수도 있고 함께 문제를 해결하기 위한 방식을 찾는 것이다.

나를 보호하기 위한 말들

어린 시절에 분명히 선을 긋거나 외부의 공격으로부터 보호하는 방법을 배우지 못했다면 많은 연습이 필요할 수 있다. 아래 소개하는 예시를 참고해 비슷한 상황에서 올바르게 대응할 수 있도록 꾸준히 연습해 보자.

다른 사람이 하는 말	하지 않아야 하는 말	나를 보호하는 말
"불평하지 마, 너보다 힘든 사람이 얼마나 많은데."	"그러게, 비교해 보면 내 상황은 진짜 좋은 편이네."	"다른 사람이 어떤지와 상관없이 내가 느끼는 감정이나 필요한 일은 내가 알아서 챙길게."
"네 기분 때문에 나까지 스트레스받는 것 같아."	"나도 참고 있는 거야."	"나는 나를 챙기고 있는 것뿐이야. 너도 스스로를 돌볼 준비가 되었니?"
"만약 내일 영화 보러 가는 걸 취소하면 새로운 일정을 잡을 마음은 안 생길 것 같아."	"와, 방금 네가 그렇게 말해서 너랑은 아무것도 하고 싶지 않아졌어!"	"너는 나와 시간을 보내고 싶고, 일정을 확정하면 좋겠다고 생각하는 거지?"
"아빠는 바보 멍청이야!"	"아빠한테 그렇게 말하면 안 되지!"	"지금 엄청 화가 나서 그렇게 말한 거야, 아니면 정말로 아빠한테 그렇게 말하고 싶은 거야?"

"엄마랑 다시는 안 놀 거야!"	"하하, 그래? 30초만 지나봐라. 네가 뭐라고 하나."	"지금은 혼자서 놀고 싶니? 그럼 그동안 엄마는 엄마 스스로를 돌볼게. 그리고 네가 다시 엄마랑 놀고 싶어지면 그때 같이 놀자."
"당신도 프로젝트가 성공하기를 바라시잖아요."	"그럼요, 최선을 다하겠습니다."	"제가 최선을 다한다는 태도를 유지하는 게 중요하다고 생각하시는 거죠?"

나를 돌아보는 연습

최근에 선을 넘는 말을 들었던 적은 없는지 생각해 보자.
그런 상황에서 상대방의 행동을 비난하지 않으면서도
나를 보호하고 나의 경계선을 알려줄 말이 무엇인지
생각해 보자. 바로 이것이 러빙 리더십의
두 번째 전략인 '방패 전략'이다.

이러한 연습을 통해 우리는 방패 전략에 대해 더 깊이 이해할 수 있다. 내가 '경계선'이라는 것을 어떻게 생각하고 있는지. 선을 긋는 행위에 대한 나의 원칙을 다시 살피고, 바꿔야 할 필요가 있다면 새로운 원칙으로 수정하는 등 계속해서 나의 방패 전략을 발전시켜 나가자. 이때 새로운 원칙은 나의 성향과 맞고, 나에게 힘을 준다고 느껴지는 방식이어야 한다. 선을 그어 방패를 세울 때 유념하는 나의 원칙이 무엇인지 입으로 소리 내 말하고, 그때 느껴지는 나의 생각과 감정을 느껴보자.

🌱 날개를 달아주는 말

나는 '아니!'라고 말해도 된다.

나는 나에게 '그래!'라고 말할 수 있고,

다른 사람에게는 '아니!'라고 말할 수 있다.

나는 선을 그을 수 있다.

나는 나에게도 선을 그을 수 있다.

나는 나를 위해 행동한다.

나는 나에게 중요하다.

나는 있는 그대로 좋은 사람이다.

나는 실수할 수 있다.

마지막으로 팁을 하나 전한다. 위에 소개한 문장들을 소지한 채 걷기 명상을 실천할 수도 있다. 내 발걸음에 맞추어 문장을 소리 내 말하는 것이다. 아이를 데리러 유치원이나 학교에 가는 길, 장을 보러 가는 길에 연습해 보자. 아이와 함께 하는 순간이라면 아이와 함께 시도해 볼 수 있다. 아이와 더 재미있게 이 순간을 즐기기 위해 아이의 언어에 맞는 나만의 문장을 만들거나 멜로디를 붙여 노래처럼 만들 수도 있다.

때로는 아이를 위한 방패가
되어야 한다

아이들은 본인이 처리하지 못하고 보호자의 도움에 의존해야 하는 순간을 자주 마주하기 때문에 그만큼 무력감을 느끼는 경우도 잦다. 다만 안전을 보장받지 못하는 상황에서 보호자가 제공하는 보호의 경험에서 보호자에 대한 신뢰를 쌓을 수 있으며, 그러한 경험을 할 때마다 '내가 위험에 빠지면 누군가가 나를 보호해 주겠구나'라는 잠재의식도 생겨난다. 그 결과 무력감은 줄고 자기 자신은 물론 타인과 삶 자체에 대한 신뢰도가 높아진다. 또 마음에 사랑과 안정감이 가득 차서 성인이 된 뒤에도 여전히 무의식 속에 남아 있는 어린 나를 지킬 수 있다.

반면 어린 시절 보호받지 못하고 무력감을 자주 경험한 아이들은 어른이 되어서도 위험으로부터 살아남는 데 끊임없이 집중한다. 자연히 다른 사람보다 더 쉽게 스트레스를 받고, 스트레스에 대한 반응 역시 오래 지속된다. 어린 시절의 부정적 경험이 심리적으로 큰 영향을 끼치는 것이다.

따라서 아이가 정서적으로 안정적이고 바르게 자라기 위해서는 아이의 감정·신체적 경계선을 잘 지키고 아이를 바르게 보호하는 것이 매우 중요하다. 아이를 잘 보호하는 일이야 당연히 여러 측면에서 모두 중요하지만, 무엇보다 아이의 건강을 위한 일임을 반드시 기억하자. 여기서 말하는 건강이란 앞서 지적한 것처럼 신체적인 안전과 정서적 건강으로 구분되며, 정서적으로 건강하다는 것은 심리적으로 안정된 상태라는 의미다.

결국 우리가 러빙 리더십을 통해 궁극적으로 얻고자 하는 것은 외부의 위협으로부터 아이를 보호하는 것이다. 그런데 신체적 위협은 상대적으로 쉽게 알아챌 수 있는 반면, 정서적 위협은 더 꼼꼼하게 관찰해야 알 수 있는 경우가 많다. 아이의 정서적 건강을 위협하는 대표적인 예는 보상과 처벌, 감정적 조종, 강압과 같은 것들이다.

"얘는 원래 이렇게 시끄럽고 까불어요?"
"이따가 헤어질 때 나를 안아주지 않으면 울어버릴 거야."
"조용히 안 하면 공 뺏어버린다!"
"동생을 울리지 않고 잘 돌보면 이따가 초콜릿 사줄게."

이처럼 아이를 조종하려는 수많은 말들 사이에서 아이들을 보호하기 위해서는 부모가 적절한 때에 올바르게 러빙 리더십을 발휘해 방패를 설치해 줘야 한다. 이때 부모는 아이를 대신해 선을 그어 아이들을 보호할 수 있다. 또 방패 세우기 전략을 실현하는 데 우리가 아이 앞에 실제 방패처럼 서 있는 모습을 상상하는 것도 도움이 될 수 있다.

상담을 진행한 부모들은 자신의 내면아이를 보호하기 위해 방패를 세우는 모습을 상상하는 것이 실제로 도움이 되었다고 종종 고백한다. 외부의 위협이 있는 상황에서는 아이뿐 아니라 부모와 부모의 마음속 내면아이까지도 위협받는다고 느껴지기 때문이다. 이는 부모가 과거 비슷한 상황을 겪었던 경험이 있고, 그 기억이 떠오르며 내면아이가 두려움을 느끼기 때문이다. 심리학에서 '과잉동일시'라고 부르는 현상이다.

방패 전략을 사용할 때는 자세를 곧게 하고 힘을 주는 것처럼 신체 전략을 함께 사용할 수도 있다. 상황에 따라서는 단호하거나 공감 혹은 존중을 보이는 목소리 톤을 사용하는 것과 같은 언어 전략도 가능하다. 가장 이상적인 방식은 신체 전략과 언어 전략을 적절하게 배합해 사용하는 것이다.

아이가 어릴 때는 방패 전략이 필요한 상황이 더 자주 발생한다. 하지만 아이가 점차 성장함에 따라 그러한 상황은 줄어든다. 아이는 부모님이 적절하게 방패 세우기 전략을 사용하는 것을 곁에서 지켜보며 스스로 자신의 경계선을 지키는 방법을 깨우치고 실천하게 된다. 상황마다 다를 테지만 부모라면 아이의 행동과 반응을 통해 아이가 위협받는 상황에서 불안하거나 도움이 필요하다고 느끼는지, 아니면 아이 스스로 본인의 마음을 살피고 상대방과 소통해 적절한 경계선을 그을 준비가 되어 있는지 알 수 있다.

마지막으로 부모로서 아이를 보호하기 위한 방패가 될 때는 '나는 다른 사람의 행동에 맞서는 것이 아니라 내 아이를 보호하기 위해 행동하는 거야'라는 마음가짐이 필요하다는 사실을 반드시 명심하자.

아이를 위한 방패가 되어야 할 때
나는 어떻게 행동해야 할까

방패 세우기는 아이의 건강을 보호해야 할 때마다 필요한 전략이다. 앞서 말했듯 아이의 건강은 신체적인 것, 정신적인 것으로 나뉘는데 아이의 신체적 건강은 외부의 폭력으로부터 위협받는다. 아이를 때리거나 머리를 잡아당기는 것, 할퀴는 것, 발로 차는 것을 포함한 모든 종류의 신체 공격이 여기에 해당한다.

이런 상황이 벌어질 때는 아이의 보호자로서 그 장소가 놀이터든, 집이든, 쇼핑몰이든, 조부모님 댁이든 상관없이 바로 몸을 이용해 상황에 개입해야 한다. 이때 신체적 개입과 동시에 언어적으로도 분명하게 "그만둬!"라고 전달해야 한다. 또 상황에 따라서는 아이와 아이를 위협하는 사람 사이에 서서 손이나 다리를 잡거나, 물건을 옆으로 옮기거나, 아이를 옆으로 밀어내는 등의 행동을 취한다. 이때 아이는 아무 말도 할 필요가 없고, 하더라도 그리 많은 말을 할 필요는 없다.

이런 상황에서는 무엇보다 신체적으로 개입하는 것이 가장 중요하다. 아무리 그만두라고 소리쳐도 말만으로는 다른 아이가 우리 아이의 머리를 때리는 행동을 멈추지 않을 수도 있기 때문이다. 이는 다음 장에서 자세히 설명할 '힘을 써서 보호하기' 전략에 해당한다.

두 번째로 아이의 정서적인 건강을 위협하는 상황에서는 말로 분명하게 선을 그어야 한다. 이때 내가 곧 아이의 방패라는 것을 기억해야 무엇이 아이의 정서적 건강을 위협하는지, 그리고 여기에 어떻게 대응할지 정확히 알 수 있다. 지금부터 아이의 정서 건강을 괴롭히는 상황을 유형별로 살피고 이에 따른 올바른 방패 전략을 알아보자.

상황1: 평가받고, 지레짐작당하고, 비난받는 상황

아이가 다른 사람의 평가나 비난을 받는 상황에 자주 노출되면 점차 스스로를 부정적으로 받아들일 수 있다. "얘는 원래 이렇게 소심해요?"라는 평가의 말을 들은 아이는 어느새 '나는 소심한 사람이야. 나는 아무것도 할 수 없어'라고 생각한다. 그리고 이러한 생각은 아이의 자존감에 오랫동안 영향을 미칠 수 있다.

누군가 아이의 한 가지 면이나 행동을 보고 섣불리 아이를 판단하는 말을 한다면 우리가 실제로 아이를 양육하며 오랫동안 관찰하고 경험한 아이의 행동을 설명하는 식으로 대응해 보자. 관찰과 설명은 비폭력 의사소통을 위한 첫 단계다. "얘는 원래 이렇게 소심해요?"라는 평가에 "아이가 인사를 할 때는 주로 제 다리 옆에 서 있답니다"라는 식으로 아이의 행동에 대한 관찰로 대응하는 것이다.

상황2: 다른 사람의 감정적 조종이나 협박

"너 때문에 내가 슬퍼", "네 덕분에 기분이 좋아" 이런 식의 말은 아이에게 다른 사람의 감정에 대한 책임을 지우는 감정적 협박이다. 이런 말을 들은 아이는 우리 생각보다 더 큰 부담을 느낄 수 있다. 물론 아이가 다른 사람에게 슬픔이나 기쁨과 같은 감정을 불러일으킬 수는 있지만, 이런 감정이 생겨나는 이유는 순전히 그 사람의 욕구에 의한 것이다. 모든 사람은 자신의 감정을 스스로 책임져야 하며, 감정을 잘 살펴 본인에게 어떤 욕구가 있는지 파악해 이를 채우려 노력해야 한다. 그러니 만약 위와 같은 말을 들었다면 "지금 너는 슬픈 감정을 느끼고 있는 거지?"와 같은 공감적 반문으로 대응해서 그 감정에 대한 책임을 원래 자리로 돌려놓는다.

상황3: 보상과 처벌

"지금 나랑 인사 안 하면 다시는 너랑 말 안 할 거야!"와 같은 처벌이나 "지금 나랑 놀아주면 나중에 아이스크림 사줄게"와 같은 보상이 얼마나 아이에게 부정적인 영향을 미치는지에 대해서는 이미 앞서 설명한 바 있다. 보상과 처벌 속에서 자란 아이는 강한 경쟁심을 갖거나 외부의 동기가 주어져야만 행동하고, 이해심이나 애착은 기르지 못할 가능성이 크다. 게다가 부모가 아닌 타인이 아이의 행동에 보상이나 처벌로 반응하는 것 역시 아이의 정서적 건강을 위협하는 행동이다.

아이가 인사를 하지 않는 행동에 대한 처벌에 대해서는 "그런 말은 삼가주세요. 아이가 인사를 하는 건 자유고 누구에게도 인사를 할 의무는 없어요!"라고 내응할 수 있다. "지금 나랑 놀아주면 나중에 아이스크림 사 줄게"와 같은 말에도 "아이가 같이 노는 건 아무런 대가 없이도 할 수 있어요"라고 간단하게 대응한다.

상황4: 아이에게 과도한 부담이 주어질 때

아이에게 선물이나 과자, 미디어 혹은 과도한 질문 같은 것이 주어지는 상황은 언뜻 보기에는 나쁠 것 없어 보이지만 사실 그 양이 너무 많아지면 이 또한 아이에게 부담을 줄 수 있다. 그러니 아이가 받아들이는 데 한계가 온 것 같다고 생각될 때는 부모가 "그만!"이라는 말로 제지해 아이를 도와야 한다. 아이들은 이런 부모의 모습을 보고 자신이 부담을 느낄 때 어떻게 대응해야 하는지 배울 수 있다.

부모는 아이의 행동과 반응을 살펴 아이가 과도한 부담을 느끼고 있는지, 그래서 지금 아이에게 지금 러빙 리더십을 통한 지도가 필요한지판단해야 한다. 아이에게 도움이 필요한지 직접 묻는 방식으로 부담을 더하는 것이 아니라 부모가 아이의 상태를 보고 직접 결정하는 것이다. 그리고 상황에 맞춰 아이에게 필요한 러빙 리더십의 전략을 실행하면 된다.

이때는 어디까지가 아이의 건강에 관한 것이고, 어디까지가 부모인 나의 가치관을 따르는 것인지를 함께 고려하는 것이 중요하다. 예를 들어 할머니, 할아버지가 선물을 주는 상황에서 아이가 너무 많은 선물에 과도한 부담을 느끼고 있다면, 아이의 정서적인 건강을 위협하기 때문에 부모로서 충분히 개입할 수 있다. 반면 아이가 부담을 느끼는 정도는 아니지만 너무 많은 선물을 주는 것이 부모인 나의 가치관에 어긋나는 것이라면 장기적인 관점에서 아이의 조부모님과 대화하는 방식을 택하는 것이 바람직하다.

아이를 위한 방패가
필요한 순간들

상담 사례 1

안드레아스는 자녀들과 함께 즐거운 오후를 보냈다. 그런데 모임에 참여한 한 오랜 친구가 안드레아스의 아들에게 "너 정말 재미있는 녀석이구나!"라고 말하는 것을 들었다. 그 순간 안드레아스는 아들에 대한 친구의 말을 그냥 두어야 할지 아니면 반박해야하는지 고민하기 시작했다. 사실 그 말을 들은 순간 친구의 언행이 잘못되었다는 것을 알았지만, 동시에 친구의 기분을 상하게 할까 봐 걱정되기도 했다. 결국 안드레아스는 친구가 긍정적인 의미에서 한 말이라고 생각하며 친구의 발언을 그냥 받아들이기로 결정했다.

안드레아스의 친구가 아들에게 전한 말은 긍정적인 의미의 평가이자 판단이다. 그런데 아무리 그 의미가 긍정적이라 할지라도 이 말 자체는 아이의 행동을 평가하는 말이기 때문에 부모가 개입해서 아이를 보호할 필요가 있다. 이런 상황에서 부모가 개입하는 모습을 본 아이는 자신이 그저 '재미있는 녀석'이 아니라 다양한 성격을 가진 사람임을 다시 한번 깨달을 수 있다. 아무리 상대방이 아이가 다른 사람을 즐겁게 해주고 유머 감각이 뛰어나다는 것을 칭찬하는 의미에서 그런 말을 했다고 해도, 그 말이 아이의 행동을 특정한 틀에 맞추어 해석하는 것임은 변하지 않는다는 사실을 명심하자.

이런 상황에서는 그런 말을 한 친구에게 "너는 우리 아이 유머 스타일이 꽤 마음에 드는구나?"라는 식으로 대답하는 것만으로도 아이의 방패가 되어줄 수 있다. 또는 다음과 같이 상대방에게 공감하면서도 선을 그을 수 있다.

"네 아들 정말 재미있는 녀석이네!"
"내 아들이 ○○ 하는 것이 멋지다고 생각하는 거구나?"
"그럼, 너무 좋아!"
"네가 딱 좋아하는 유머 스타일이야?"
"맞아!"

누군가 아이에게 이런 말을 하면 가만히 두는 것이 아니라 아이에게 부모인 내가 함께 있다는 것을 보여주고, 평가, 지레짐작, 비판에 공감하며 대처하는 방법을 알려주자. 물론 부정적인 의미의 평가일 때도 동일한 접근 방식을 취해 상황에 대응할 수 있다.

상담 사례 2 ∙∙

어느 식사 시간, 조피는 아버지가 자기 딸인 파울리네의 선을 넘는 것을 보았다. 식사 도중 파울리네가 할아버지의 빵을 묻지도 않고 베어 먹기를 반복하자 아버지가 이렇게 반응한 것이다. "자꾸만 그런 행동을 하면 할아버지가 화낼 거야!"

이 사례는 감정적인 협박에 대한 상황이다. 이때 우리가 가져야 할 마음가짐은 이전의 다른 상황과 동일하다. 할아버지는 최선을 다하고 있으며 자기 자신의 감정과 상황에 대해 이야기하려는 것일 뿐임을 아는 것이다.

이런 감정적인 협박에 대응하는 방법은 두 가지다. 첫 번째는 간단하면서도 확실하게 선을 긋는 것이다. "아빠, 파울리네는 아빠의 감정에 대한 책임이 없어요. 아빠의 감정은 아빠가 스스로 돌보면 어때요?"라고 말하는 것이다. 물론 언제나 그렇듯 사랑이 가득한 마음으로 말을 한다.

두 번째 방법은 상대방의 감정에 공감하며 마음을 더 깊게 연결하는 방법이다. 다음과 같이 반응하는 것이다.

"자꾸만 그런 행동을 하면 할아버지가 화낼 거야!"

"잠깐만요 아빠! 지금 화가 났어요?"

"그래!"

"파울리네가 아빠한테 물어보지도 않고 빵을 먹어서요?"

"그래, 그런 짓을 하면 화가 나지!"

"알았어요. 그러면 파울리네가 아빠한테 물어봤다면 좋겠다고 생각한 거네요?"

"맞아."

"알겠어요. 그러면 앞으로 파울리네가 빵을 먹어도 되는지 물어보도록 하려면 아빠가 어떻게 할 수 있을까요?"

그다음 손녀가 앞으로 미리 물어보도록 하기 위해서는 어떻게 해야 하는지 함께 고민하자. 아이의 나이에 따라 아이도 함께 대화에 참여할 수 있다. 손녀 역시 할아버지의 빵을 먹으며 나름대로 자신이 원하는 욕망을 채우려고 한 상황이기 때문이다. 함께 대화를 나누며 앞으로 어떻게 하면 할아버지가 원하는 것과 손녀가 원하는 것을 모두 조화롭게 이룰 수 있는지 고민해 보는 것이다.

상담 사례 3 ••

데니스는 아들 페터와 함께 어머니 댁을 방문했다. 저녁이 되어 할머니가 페터에게 책을 읽어준 뒤 잘 자라는 인사를 하며 방을 나오려고 할 때 문제가 발생했다. 페터가 할머니에게 잘 자라는 뽀뽀를 해주지 않은 것이다. 그러자 할머니는 페터에게 "할머니 한테 뽀뽀 안 해주면 내일은 책 안 읽어준다!"라고 말했다.

이 사례에서 할머니가 아이에게 하는 행동은 처벌에 대한 협박이다. 그러면 지금까지 계속 이야기했던 것처럼, 그 누구도 일부러 그러는 것이 아니라 최선을 다해 자신이 원하는 것을 표현하고 있다는 관점에서 이 상황을 바라보자.

이 상황에서 데니스가 선택할 수 있는 첫 번째 대응 방식은 사랑을 담은 어조로 할머니의 행동을 제지하는 것이다. "그만하세요, 페터도 자기가 뽀뽀를 해줄지 말지 스스로 결정할 수 있어야죠. 뽀뽀를 하는지와는 상관없이 내일도 책 읽어주실 거죠?"라고 말하는 것이다.

두 번째 대응 방식은 좀 더 공감의 영역에 가깝다.

"할머니한테 뽀뽀 안 해주면 내일은 책 안 읽어준다!"

"안 돼요, 엄마. 저는 아이 행동에 대가가 따르는 건 받아들일 수 없어요. 엄마는 그저 페터한테 잘 자라는 뽀뽀를 받고 싶으신 거죠?"

"그래, 원래 그렇게 했잖니!"

"우리 집에서 뽀뽀는 본인이 원할 때만 자유롭게 해요. 엄마도 페터한테 뽀뽀하고 싶은 이유가 잘 자라는 인사를 해주려는 거고요?"

"그래!"

"알았어요. 페터, 너도 할머니 안녕히 주무시라고 인사를 할 거니?"

"으음, 네, 그런데 뽀뽀는 안 해요!"

"그럼 할머니한테 어떻게 인사할 거야?"

"할머니 안녕히 주무시라고 할래요!"

"엄마, 그렇게 해도 괜찮아요?"

"괜찮아."

그런데 이때 할머니가 여전히 화가 난 상태라면 일단 할머니를 잠시 내버려두고 아이를 먼저 챙겨야 한다. 아이를 침대로 데려가 눕힌 뒤 잘 자라는 인사나 뽀뽀는 자발적으로 하는 것이기 때문에 스스로 결정할 수 있다고 이야기를 해주는 것이다. 그리고 만약에 그것 때문에 할머니가 슬퍼한다면 슬퍼하는 것 역시 할머니의 선택이라고 이야기해준다. 할머니의 감정은 할머니의 것이기 때문이다.

할머니가 처벌이 아니라 보상을 제시했더라도 마찬가지다. 상담을 진행할 때마다 누군가 보상이나 처벌로 아이를 협박할 때 부모로서 개입해야 하는지에 대한 질문을 무척 많이 받는데, 그때마다 우리의 대답은 동일하다. 언제나 '그렇다'는 것이다. 우리는 아이와 아이의 마음을 지키기 위한 방패다. 아이들은 스스로 선을 긋는 방법을 모르는 상태이니 부모인 우리의 도움이 필요하다.

안나는 남자친구의 행동에 도무지 어떻게 반응해야 할지 알 수 없다. 남자친구는 안나의 아들 막스가 어린이집에 가기도 전부터 오후에 뭘 하고 싶은지에 대한 아주 많은 질문을 하곤 했다. 막스는 그 질문이 부담스러운 듯했다. 남자친구의 질문은 다음과 같았다. "이따가 어린이집 다녀와서 바로 친구랑 놀러 갈래, 아니면 집에 들를래? 아니면 놀이터에 갈래? 아, 그런데 친구랑 노는 대신에 뭔가 다른 걸 할 수도 있겠다!"

이렇게 질문을 끝없이 하는 상황에 아이는 큰 부담을 느낄 수 있다. 이런 질문에 부담을 느끼는지 여부는 아이의 행동을 통해 파악할 수 있는데, 아이가 질문을 받았을 때 긴장하거나, 불안해하거나, 망설이거나, 심지어 짜증을 낸다면 아이는 지금 부담을 느끼고 도움을 필요로 하고 있는 상태다.

이때는 간단한 말로 질문 폭탄을 막을 수 있다.

"그만해, 자기가 이따가 어린이집에서 막스를 데리고 와. 그리고 막스랑 뭘 하고 싶은지 두 가지만 골라서 막스가 선택하게 해. 그 이상은 너무 많아. 뭘 할지는 자기가 결정하고, 그중에서 정확히 뭘 할지는 막스가 다시 고르는 거지."

엘리자베트는 놀이터에서 한 아이 엄마가 투정을 부리는 아이의
엉덩이를 힘껏 때리는 것을 목격했다. 그 모습을 본 엘리자베트는
너무 놀라 몸이 굳었고, 이런 상황에서 자기가 다른 아이를 위한
방패가 될 수 있는지, 만약 그렇다면 어떤 식으로 행동해야 하는
지 고민하기 시작했다.

아이 엉덩이를 때리는 것은 명백한 신체적 폭력이다. 이런 상황에
서는 일단 개입하기보다 다른 엄마의 행동을 비난하지 않는 태도를
갖는 것이 먼저다. 그 엄마를 속으로 비난하지 않을 때만이 평화롭게
개입할 수 있기 때문이다. 만약 상대방을 속으로 비난하고 있는 상태
라면 나의 개입이 결국 싸움으로 번질 수 있다.

이런 상황에서는 일단 그 엄마에게 가서 "혹시 도움이 필요하세
요?"라거나 "그러지 마세요. 혹시 도움이 필요하세요? 아이를 때리
는 건 해결 방법이 아니에요"라고 가볍게 질문을 던져 그 상황을 멈
추게 할 수 있다. 이는 그만하라는 분명한 신호를 보내는 행위이지만
동시에 너무 과하게 개입하지 않아 여전히 상대방 손에 상황을 쥐여
준 상태다. 어떤 경우에는 누군가 그 상황에 개입하는 것만으로도 그
상황에서 빠져나올 수 있으며, 마음이 안정되고 다르게 행동하는 기
회가 될 수 있다.

다른 방식은 그 엄마와 아이 두 사람과 모두 눈을 마주치면서 비

언어적 공감을 표현는 것이다. 이때 서로 눈이 마주친 순간을 놓치지 않고 이해와 공감의 태도를 분명히 전달하려고 노력해야 한다. 물론 아이의 생명과 건강이 위험에 처했다면 가능한 빠르고 단호하게 경찰에 도움을 요청한다.

> **아이를 보호하기 위한 말들**
>
> 외부의 위협으로부터 아이를 보호하기 위해서는 많은 연습이 필요하다. 다음과 같은 예시를 참고해 도움을 받아보자.

다른 사람들이 아이에게 한 말	하지 않아야 하는 말	아이를 보호할 수 있는 말
"너는 할머니랑 놀기 싫구나. 할머니 너무 슬프네!"	"이리와! 할머니랑 같이 놀아야지. 먼저 인사부터 해!"	"지금 속상하시군요. 아이랑 같이 놀아주고 싶으셨던 거죠?"
"인사도 안 하다니, 아주 나쁜 아이구나!"	"원래 좀 그런 편이에요."	"잠깐만요, 우리는 누가 누구에게 인사를 할지 자유롭게 정해요. 인사는 나쁜 거랑은 아무런 상관이 없어요. 우리 애는 그저 잠깐 시간이 필요할 뿐이랍니다."

"지금 할아버지랑 같이 놀면 이따가 아이스크림 사줄게!"	"봐봐, 할아버지가 아이스크림 사 주신대!"	"잠깐만요! 노는 거랑 아이스크림은 별로 상관없는 것 같아요. 그리고 우리 딸은 누구와 놀지 스스로 결정할 수 있어요. 아빠는 손녀랑 같이 놀고 싶으셨던 거죠?"
의사: "별로 심하지도 않은데, 너 꾀병 부리는 거구나?"	"의사 선생님은 좋은 뜻으로 말씀하신 거야."	"아이가 방금 통증이 있었는데, 지금은 괜찮은 것 같네요. 아이는 제가 챙길게요!"
"나랑 같이 놀래? 보드게임 하고 싶어, 아니면 카드 게임, 아니면 다른 게임?" (질문이 너무 많아 아이가 버거워하는 것이 느껴질 때)	아무 말도 하지 않는다.	"우리 첫 번째 질문부터 하나씩 차근차근 대답해 보면 어떨까? 같이 놀고 싶니?"

나를 돌아보는 연습

최근에 다른 사람이 아이에게 한 말 중에서 아이의 선을 넘었던 발언이 있었는지 생각해 보자. 그리고 그 상황에서

러빙 리더십의 '방패 전략'을 사용해 아이의 경계선을
지켜주고 정서적 건강을 보호하기 위해서
어떤 말이 필요한지 생각해 보자.

🌱 **날개를 달아주는 말**

나는 내 아이를 지키는 방패다.

아이를 보호하는 것이 언제나 가장 중요하다.

내 아이를 보호하기 위해서라면

다른 사람과의 불가피한 갈등을 감수할 수 있다.

나는 아이의 신체적, 정서적 건강에 대한

책임이 있고 그 책임을 다하기 위해 행동한다.

이는 아이를 지키는 방패로서 부모의 역할을 이해하는 데 도움이
되는 말이다. 이 중 가장 나에게 필요하다고 생각되는 말을 종이에
써서 집에서 잘 보이는 곳에 걸어두자. 그리고 그 앞을 지나갈 때마
다 소리를 내서 읽어보자. 그러면 생각보다 빠르게 그 문장을 내 것
으로 만들 수 있다.

일상에서 아이에게 안정감을 주고 싶다면 아침에 나갈 준비를 모
두 마치고 인사를 하기 전 방패 만드는 의식을 시행할 수도 있다. 이

때 아이에게 확신을 주면서도 따뜻함을 전달할 수 있는 말투를 유지하자. 이 의식을 위한 특별한 에센셜 오일을 준비해 함께 사용하면 효과가 더욱 좋다. 이때 오일의 향은 아이가 선택하도록 하고, 매일 같은 것을 사용한다.

방법은 간단하다. 우선 에센셜 오일을 한 방울에서 세 방울 정도 손바닥에 떨어뜨린 뒤 손바닥을 비벼 따뜻하게 만든다. 그다음 손으로 아이의 머리끝부터 발끝까지 전체적으로 훑는다. 이때 마법의 바람을 불어넣는 것처럼 손으로 약간의 부채질을 해도 좋다. 그러면서 아이에게 주문을 걸어주는 것이다. 이때 주문의 말은 아이가 보호받는 느낌을 받을 수 있는 것으로 자유롭게 선택한다. '나는 보호받고 있다. 나는 안전하다. 나는 사랑받고 있다' 등과 같은 것이면 충분하다.

배우자와 아이 사이에도
방패가 필요하다

어린 시절에 보호받은 경험이 적었던 부모는 육아 중 아이를 위한 방패가 되는 일에 더 많은 어려움을 겪곤 한다. 특히 많은 부모가 부부 사이에서 아이를 위한 방패가 되는 것, 즉 배우자와 아이 사이에서 선을 지키도록 하는 것을 유독 어려워한다. 하지만 아무리 부부 사이라 할지라도 각자에게 아이를 보호해야 할 의무가 있다는 것은 달라지지 않는다. 누군가 아이의 선을 넘고 건강을 위협한다면, 그게 모르는 사람이든 아이의 할머니나 할아버지, 의사, 선생님, 심지어는 부부 둘 중 한 명일지라도 언제든 아이를 보호해야 한다.

지금부터는 배우자와 아이 사이에서 방패가 되는 방법을 비롯해 아이를 보호하기 위해 개입한 다음 그 상황에 대해 배우자와 대화를 통해 해결해 나가는 구체적인 방법에 대해 이야기할 것이다. 다시 말해 배우자가 아이의 선을 넘는 상황에서 그저 가만히 지켜보는 것이 아니라 직접 개입하는 법을 배우는 것이다. 이때 배우자에게 말하는 어조는 상황과 나의 상태에 따라 아주 단호할 수도 있고, 부드럽고 공감하는 어조일 수도 있다. 중요한 것은 앞에서 여러 번 이야기했던 것처럼 나의 마음가짐이다.

아이에게 보호가 필요한 상황이라고 생각되면 배우자에게 개입의 이유를 설명할 필요 없이 곧바로 행동해야 한다. 설명은 나중에도 얼마든지 가능하다. 많은 사람이 배우자와 아이 사이에서 아이를 보호할 때 유독 망설이거나 어려워하는 이유는 배우자와 갈등이 생기는 것을 피하고 싶기 때문이다.

우리가 갈등을 피하고 싶어하는 정도나 방식은 보통 어린 시절 의견이 다르거나 갈등 상황에서 부모님이 보여준 대처 방식에 따라 달라진다. 만약 부모님 사이에 권력 관계가 있다고 느낀 경우 성인이 되어서도 갈등 상황에서 어렸을 적 경험이 되살아나며 두려움을 느끼고 더 방어적으로 행동할 수 있다. 하지만 명심하자. 아이를 보호하기 위해서는 갈등을 두려워하지 않아야 한다. 정서적으로 건강하게 아이를 키우는 것은 부모의 책임이자 아이를 키울 때 가장 핵심으로 생각해야 하는 부분이다. 아이를 보호하는 과정에서 발생한 부부 사이 갈등은 이후 대화를 통해 얼마든지 해결할 수 있다.

배우자와 아이 사이에서 방패가 되어야 하는 상황

배우자와 아이 사이에 방패가 되어야 하는 상황을 알아보기에 앞서 우선 배우자가 아이를 신체적으로 위협하는 상황은 방패가 되어주는 것만으로 충분하지 않다는 점을 강조하고 싶다. 배우자가 아이를 위협하고 있다면 아이를 그 상황 안에서 보호하는 것이 아니라 당장 아이를 그 상황에서 빼내는 것이 맞다. 우선 아이의 안전이 확보되었다면 그다음 배우자와 이야기를 나눠볼 수 있다.

그렇다면 배우자와 아이 사이에서 아이를 보호해야 하는 상황은 어떤 것일까? 만약 나의 배우자가 아이에게 이런 말을 한다면 아이에게는 나의 도움이 필요할 수 있다.

"그만 소리 질러. 그럴 거면 당장 방으로 들어가!"

"얼른 안 하면 놓고 간다."

"당장 식탁 차리는 걸 도와. 안 그러면 앞으로 나도 너를 절대 도와주지 않을 거야."

"지금 방 정리 안 하면, 태블릿 못 가지고 논다."

"지금 밥 남기면 이따가 저녁 안 줄 거야."

"나한테 계속 이렇게 소리 지르면 오늘 안 나갈 거야/너는 두고 갈 거야/너랑 앞으로 안 놀아줄 거야."

"사람이 말을 하면 들어야지!"

"지금 이거 안 하면 맞는다!"

배우자와 아이의 상황이 폭발하기 일보 직전이라는 것을 인지했다면 바로 끼어들기보다 우선 질문을 통해 상황에 개입해 보자. "도와줄까?", "내가 도울 일이 있을까?"라는 식으로 배우자에게 가볍게 질문하는 것이다. 그러면 배우자 역시 나의 도움을 받을 것인지 스스로 결정할 수 있기 때문에 더 적은 부담을 느낀다. 만약 이때 배우자가 "아니"라고 거절한다면 그대로 두어도 괜찮다.

다만 아이가 신체적·정서적 건강에 위협을 받는 상황이라면 배우자에게 질문하지 않고 곧바로 상황에 개입해 아이를 보호한다. 이는 아이를 보호하기 위해 부모로서 내려야 하는 결정이다. 이런 상황에서는 "내가 할게!", "이제 내가 맡을게!", "그만해!" 등과 같은 말을 하며 아이를 빼낸다.

이때 아이를 보호하려는 나의 행동에 대한 상대방의 반응은 나의 문제가 아닌 상대방의 문제다. 만약 이러한 행동으로 인해 부부 사이에 갈등이 생기더라도, 이는 아이를 지키고 난 다음 함께 이야기하며 해결하면 된다. 앞서 이야기했던 것처럼 이런 상황에서는 말의 내용보다 그 말을 하는 나의 마음가짐을 신경 써야 한다. 특히 한 아이의 부모이자 부부로서 개입하는 것이기 때문에 서로 싸우지 않고 같은 마음으로 대화하는 것이 중요하다.

물론 상황을 방해받은 배우자는 곧바로 화를 내거나 나의 행동이 잘못되었다고 지적할 수 있다. 하지만 이때는 분명하게 선을 긋고 "이 얘기는 나중에 우리 둘이서만 이야기할 수 있을 때 하면 좋을 것 같아. 오늘 저녁 어때?"라는 식으로 제안한다. 이를 통해 내가 계속해서 상황을 주도하면서도 배우자와 이 주제에 대해 언제 이야기할 것인지 결정할 수 있으며, 최소한 모두가 과열된 순간이나 아이가 함께 있는 상황에서 싸우는 것을 피할 수 있다.

아이에게는 현재의 상황에 대해 설명하며 아이의 행동 방향을 제시해줄 수 있다. "아빠가 지금 완전 화가 났는데 그건 아빠 엄마가 잘 이야기해서 해결할 거야. 우리는 서로를 사랑하고 돌보는 가족이니까"라고 말해주는 것이다.

나중에 그 상황에 대해 대화하는 방법

일단 아이가 위험한 상황에서 벗어났고 서로의 감정이 가라앉았다면 이제 배우자와 함께 대화를 나눌 차례다. 우선 언제 어떤 식으로 대화할 것인지 두 사람이 상의해서 결정한다. 이때 앞서 설명한 것처럼 마음의 확신과 함께 두 사람 모두 부모로서 아이를 보호하려는 마음이 있다는 점을 기억하자. 이러한 확신과 함께라면 대화를 할 때도 더 안정적이고 평화로운 자세를 유지할 수 있다.

동시에 나는 나를 위해서 최선을 다하고 상대방도 자기 자신을 위해 행동을 할 때 서로를 위한 최선의 해결책을 찾을 수 있음을 기억하자. 가장 좋은 방법은 대화하는 과정에서 스스로의 감정이나 욕구를 깨닫고 이에 공감하는 것이다. 그리고 그 상황에 느꼈던 감정이나 채우지 못한 욕구를 비폭력 의사소통 방식으로 다루어볼 수 있다. 이 과정을 거치다 보면 결국에는 나의 욕구를 채우기 위한 전략을 찾을 수 있다. 전략을 찾는 것은 스스로의 감정에 공감하는 연습을 많이 할수록 더 빨라진다. 예시를 통해 내가 나의 마음에 공감하는 방법을 확인해 보자.

1단계 : 상황 관찰

→ 배우자가 아이에게 "지금 이거 안 하면 맞는다!"라고 말한 것을 들었다.

2단계 : 나의 감정 알기

→ 그 말을 들은 나는 너무 놀랐다.

3단계 : 나의 욕구 알기

→ 아이를 때리는 것은 절대로 있을 수 없는 일이다. 내가 원하는 것은 우리 아이가 그 누구한테도 맞지 않는 것이다.

4단계 : 전략 결정하기

→ 지금은 아이의 안전이라는 나의 욕구를 채우기 위해 아이를 지키기 위한 방패 전략이 필요하다.

이때 내가 생각했던 내용과 나의 실제 감정은 조금 다를 수 있다. 또 내 어린 시절의 경험이 지금 나의 감정과 욕구에 영향을 미쳤을 수도 있다. 그렇기 때문에 아이를 보호하기 위해 개입하기 전이나 개입하는 순간에도 항상 나의 마음을 살펴야 한다.

갈등 상황이 모두 마무리되고 난 다음에는 그 상황을 조용히 되돌아보고 어린 시절의 경험이 나에게 영향을 미쳤는지 생각해 볼 수도 있다. 이런 식으로 지금 나의 상태와 욕구를 이해하고 비폭력 의사소통의 마음가짐으로 대화를 시작하면 상대방의 감정에도 비로소 공감할 수 있다.

"당신이 오늘 아침 아이한테 '지금 이거 안 하면 맞는다!'라고 이야기했을 때 당신은 아이가 당신 말을 따르길 바랐는데 그러지 않으니까 참기 어려웠던 거야?"

"맞아. 그리고 당신도 알아야 해. 나는 아이한테 뭘 하라고 여러 번 재촉하지 않잖아. 그러면 애도 알아서 잘해야지!"

"당신은 당신 나름대로 아이랑 둘이서 해결해 보려고 했는데 내가 끼어들어서 화가 난 거야?"

"맞아! 나도 나름대로 애랑 해결해 보려고 했는데 당신이 개입하는 바람에 아이 앞에서 아빠인 내 능력이 의심받는 것 같았어. 이건 진짜 아니지! 애도 내 말은 더 안 들을 거고!"

"당신은 딸이랑 둘이서 어떻게 이야기할지를 내가 아니라 당신이 결정하고, 또 내가 당신을 아이 아빠로서 존중해 주기를 바라는 거지?"

"응, 그렇지! 당신이 그렇게 유난 떨고 감정적으로 나오니까 애도 내가 하자는 건 아무것도 하지 않는 거잖아."

"내가 왜 개입한 건지 말해줄까?"

"아 근데, 당신도 당신 생각이 있겠지만… 지금처럼 감정에 대한 얘기들이 매번 꼭 필요한지 나는 모르겠어. 지금 내 말이 아이를 협박하는 거라고 생각하는 것도 그렇고, 가끔은 그냥 좀 내버려 둘 수도 있잖아. 나도 어릴 때 그렇게 자랐지만 지금 이렇게 잘 컸어."

"내가 개입하는 게 진짜 짜증났다는 거구나? 당신은 당신 방식대로 하고 싶고, 나도 아빠로서 당신을 존중해줬으면 좋겠어?"

"그래! 당신이 끼어들지만 않으면 훨씬 더 잘할 수 있다고!"

"내가 개입하지 않으면 우리 딸은 당신이 하라는 대로 잘할 거고, 그러면 '지금 이거 안 하면 맞는다!' 같은 협박도 필요 없어진다는 거지?"

"맞아!"

"아, 이거 진짜 흥미로운 부분이네. 그게 왜 그렇게 되는지 한번 생각해 볼까?"

"아니, 그런 심리 분석 좀 그만해."

"그래, 지금 그러고 싶지 않구나."

"어, 싫어!"

"그러니까 당신은 당신 방식대로 하고, 내가 당신을 아이 아빠로서 존중해 주기를 바란다는 거야?"

"그래!"

"알았어. 내가 왜 개입했는지 들어볼래?"

"그래, 뭐"

"'지금 이거 안 하면 맞는다!'라는 말은 나한테는 신체적 폭력을 쓰겠다고 위협하는 말이야."

"아니 내가 우리 딸을 진짜로 때리겠냐고. 그리고 내가 안 때린다는 건 애도 잘 알아!"

"잠깐, 내가 말하고 있잖아. 아이는 당신이 말하는 것만 듣고는 당신이 그 말에 진심인지 아닌지 모르지. 나한테는 그게 폭력을 쓰겠다는 협박으로 아이의 행동을 통제하려고 하는 것으로 보여. 나는 신체적인 폭력이나 처벌은 절대 용납 못 해. 그래서 우리 딸을 보호하려고 개입한 거야."

"그렇다고 애 앞에서 나를 바보로 만들어?"

"나는 그러려고 한 게 아니야. 나는 부모로서 아이를 지켜야 하고, 당신 행동은 내가 생각하는 선을 넘었어. 그러면 당신 생각에는 이런 상황에서 내가 어떻게 개입해야 하는데?"

"그냥 내가 알아서 할 테니까 좀 내버려둬!"

"나는 그럴 수 없어. 내가 중요하게 생각하는 게 뭔지 당신도 잘 알잖아."

"그래, 신체적인 폭력을 쓰겠다고 협박하지 않는 거지."

"맞아, 내가 중요하게 생각하는 건 그거야. 이제부터라도 아이한테 신체적 폭력을 쓰겠다고 위협하는 행동은 하지 않겠다는 데 동의할 마음이 있어?"

"뭐, 일단은 그러자고 할게."

"이렇게 같이 대화해 주고 내가 중요하게 생각하는 선을 같이 지켜주겠다는 거 고마워."

한 번의 대화만으로는 서로를 완전히 이해할 수 없다. 하지만 중요한 것은 두 사람이 서로를 완전히 이해했는지가 아니라 배우자를 어떤 마음가짐으로 대하는지다. 즉, 우리가 비폭력 의사소통 방식을 사용해서 상대방에게 공감하려는 자세를 보이는지가 중요하다.

물론 상대방이 나의 이런 마음을 받아들일 준비가 되었는지 우리는 알 수 없다. 상대방에게 해결되지 않은 어린 시절의 문제가 숨어 있는 경우도 많다. 그럼에도 우리는 상대의 마음에 공감하면서 동시에 분명하게 선을 그을 수 있다. 당연히 대화 한 번으로 모든 문제가 해결되지는 않는다. 하지만 대화를 하면 할수록 변할 수 있다는 믿음이 필요하다. 동시에 갈등을 무릅쓰고서라도 아이를 보호하는 방패가 되어주어야 한다.

배우자와 아이 사이에서 방패 전략을 사용한 직후에는 나의 행동으로 인해 부부 사이에 영원히 풀 수 없는 갈등이 발생했고, 서로의 관계를 다시 예전처럼 돌이킬 수 없을 것 같은 느낌이 들 수도 있다. 이는 아마도 아무리 부부 사이더라도 배우자에게 공감한 경험이 별로 없기 때문일 것이다. 또 배우자가 어떻게 행동할 것이라고 기대하거나, 나만이 옳다라는 생각이 너무 명확한 경우에도 갈등이 생길 수 있다. 하지만 서로를 이해하고 공감하려는 마음으로 대화를 계속하면 상대방이 무엇을 중요하게 생각하는지를 알고, 그로 인한 오해를 어느 정도 바로잡을 수 있다. 그리고 대화를 이어나가며 아이를 보호하려고 개입할 때 구체적으로 어떤 방식을 택할 것인지 찾아볼 수도 있다.

갈등을 해결하는 과정을 나와 배우자, 아이 모두가 한 팀으로 성장하는 단계라고 생각하자. 아이에게는 "엄마랑 아빠가 함께 얘기를 했고, 계속해서 더 좋은 방법을 찾으려고 노력하고 있어. 너는 안전해! 엄마 아빠가 너를 돌봐줄 거야"라고 말하며 안심시킬 수 있다.

부부 사이에 암호를 만드는 것도 도움이 될 수 있다. 두 사람이 부모 역할을 어떻게 수행할 것인지, 그리고 서로 상대방이 아이를 어떻게 대했으면 하는지에 대해 이미 합의가 된 상태라면 배우자가 아이와 갈등을 겪는 상황에서 서로 도움을 주고 함께 정한 기준을 떠올릴 수 있는 둘만의 암호를 만드는 것이다.

수많은 상담을 진행하며 깨달은 것은 부모 중 한 사람만이 아이와 갈등을 겪는 상황에서는 순간의 감정에 휩싸여서 부모로서 지키고 싶은 가치와는 다른 행동을 할 때도 있다는 것이다. 이때는 다른 배우자가 상황을 관찰해 이성적인 판단을 도와줄 수 있다. 두 사람이 정한 암호를 사용해 아이에 대한 올바른 태도를 떠올리게 하는 등 직접 상황에 개입하지 않고도 간접적으로 도움을 주는 것이다. 간단한 단어도 좋고 "나 여기 있어"라는 식의 문장도 괜찮다.

지금까지의 내용을 바탕으로 확신과 단단한 마음으로 나와 아이를 지키는 방패가 되겠다는 용기를 얻었기를 바란다. 방패 전략을 사용하는 것이 너무 어려운 경우, 특히 방패를 세울 때마다 죄책감이나 수치심, 실패에 대한 두려움을 자주 경험한다면 꼭 전문가의 도움을 받기를 권한다. 그러한 마음의 이면에는 내가 깨닫지 못한 다양한 감정과 욕망이 숨어 있는 경우가 많다.

방패 전략을 통해 분명하게 선을 긋기 시작한 뒤 경험하게 될 주변 사람들의 반응을 잘 살펴보길 바란다. 내가 세운 방패에 대한 상대방의 반응은 주변 사람이 나와 어떻게 지내고 싶은지 생각해 볼 수 있는 기회이기도 하다.

나를 보호하기 위한 선을 지키기 위해 시간을 들여 노력하자. 그 과정에서 누군가는 나를 떠나갈 수도 있다. 하지만 계속해서 나의 길을 나아가야 한다. 나의 선을 지키려는 행동이 상대방으로부터 공격처럼 받아들여지고 그에 대한 책임을 나에게 떠넘기려 한다 해도, 나를 믿고 흔들리지 않는 태도가 필요하다. 나는 나 자신과 아이를 보호하는 사람임을 명심하자.

2부

아이의 행동,
경계를 정해줄 때 아이는 더 잘 자란다

제4장

힘을 써서 보호하기, 아이가 안전해질 수 있는 가장 효과적인 방법

아이의 안전을 위해
부모의 힘을 활용하기 전에

힘을 써서 보호하는 전략은 아이의 안전과 생명이 위협받는 아주 위급한 상황에서 아이에게 적절한 신체적 제재를 가함으로써 아이를 보호하는 방식을 말한다. 물론 아이의 입장에서는 부모의 이러한 행동이 폭력으로 받아들여질 가능성도 있다. 그래서 때때로 부모의 이러한 행동을 '보호를 위한 폭력'이나 '보호하기 위한 위력'이라고 표현하기도 한다. 모든 형태의 폭력을 단호히 거부하는 입장에서 이런 용어를 쓰는 것이 마음이 아프지만, 더욱더 분명한 사실은 아이를 보호하기 위해 어쩔 수 없이 힘을 써야 하는 경우도 분명 존재한다는 사실이다. 지금부터는 아이를 보호하기 위해 힘을 사용하지만 동시에 평화롭고 아이의 마음을 보호할 수 있는 방법을 안내할 것이다.

위험한 상황에서 아이를 향한 보호자의 안정적이고 믿음직스러운 행동은 아이가 보호자를 믿고 안정적인 애착을 형성하는 계기가 될 수 있다. 발달심리학적 관점에서 '힘을 써서 보호하기' 전략은 아이가 현재의 상황이 위험한 것인지 스스로 판단하기 어려울 때 더욱 필요하다. 물론 아이가 성장할수록 힘을 써서 아이를 보호해야 하는 상황은 점점 적어지며 종국에는 아예 필요하지 않게 된다는 점을 분명히 밝힌다.

언뜻 보기에 모순적이라고 생각할 수도 있지만 아이를 보호하기 위해 부모가 힘을 사용하는 것 역시 비폭력 의사소통에 해당한다. 이 역시 아이와 아이의 건강을 보호하려는 욕구를 채우기 위한 행동이기 때문이다. 따라서 '힘을 써서 보호하기' 전략 역시 원칙에 따라서 현명하게 사용하면 부모가 가진 힘을 활용해 러빙 리더십을 실천하는 하나의 방식이다.

특히 주의해야 할 점은 똑같이 아이를 보호하기 위해 힘을 쓰는 것이라 해도, 나의 행동에 확신을 가지고 아이에게 공감하는 마음으로 할 때와 그렇지 않을 때가 완전히 다르다는 것이다. 특히 아이가 위험한 상황에 처하거나 보호가 필요한 순간이 아닌데도 힘을 쓰는 것은 결코 러빙 리더십이 아니다. 이는 단순한 폭력에 불과하며 아이를 지켜야 하는 부모의 역할을 저버리는 것이다. 다시 한번 강조하는데, '힘을 써서 보호하기' 전략은 가능한 반드시 필요한 상황에만 사용하도록 하자. 앞에서 러빙 리더십의 여섯 가지 전략을 설명한 그림에서도 이 전략은 아주 작게 그려진 것을 확인할 수 있다.

힘을 써서 아이를 보호해야 할 때 많은 부모들이 경험하는 걱정과 염려는 다음과 같다.

"아이가 동생을 때리지 못하게 손을 세게 잡을 때마다 내가 너무 과하게 행동하는 것은 아닌지 죄책감이 들어요."

"아이들이 서로 때리면서 싸울 때 힘을 줘서 떼어놓으면 스스로 너무 폭력적인 행동을 하는 것처럼 느껴져요."

"아이가 주사 맞기를 싫어해서 억지로 꽉 잡아뒀는데 기분이 좋지 않았어요."

"안약을 넣으려고 할 때마다 아이가 몸부림치면서 거부하는데도 붙잡고 억지로 안약을 넣으면 마치 내가 세상에서 제일 나쁜 엄마가 된 것 같은 기분이에요."

아무리 아이를 보호하기 위해서라지만, 실제로 아이를 상대로 힘을 사용하는 것은 결코 유쾌한 일이 아니다. 하지만 지금 내 행동이 옳고 아이를 안전하게 보호하기 위해 하는 행동이라는 확신이 없어서 양심의 가책을 느끼는 것과, 지금 이 상황에서 힘을 사용해야 함이 안타깝지만 부모로서 아이를 보호할 책임이 있다는 확신을 가지고 행동하는 것은 분명히 다르다. 아이들은 부모와 정서적으로 아주 깊은 애착 관계를 맺고 있기 때문에 부모에게 확신이 있는지, 아니면 불편한 마음을 갖고 있는지 모두 느낄 수 있다.

불편한 마음 뒤에는 항상 두려움이 숨어있다. 그리고 이 두려움은 실패에 대한 것으로 아이를 다치게 할지도 모른다는 걱정이거나 상실에 대한 것으로 아이가 나를 더 이상 사랑하지 않는 상황에 대한 두려움이다. 이런 두려움은 대부분 어린 시절의 경험에서 비롯되기 때문에 아이를 보호하기 위해 힘을 사용해야 하는 순간이면 과거의 기억이 되살아나기 쉽다. 그러나 러빙 리더십을 실천하기 어렵게 만드는 것들에 대해서 우리는 이미 충분히 파악하고 있기 때문에, 아이를 보호하기 위해 힘을 써야 하는 상황에서 왜 마음이 불편하고 어렵게 느껴지는지 역시 알고 있다.

하지만 명심하라. 불편한 마음 뒤에 숨은 우리의 두려움은 아이를 보호하기 위해 힘을 써야만 하는 순간 아이에게 전염될 수 있다. 그러니 러빙 리더십의 세 번째 '힘을 써서 보호하기'를 시작하기 전 불편한 마음을 몰아낼 단단한 확신을 가지도록 하자.

힘을 써서 아이를 보호하는 3단계: 개입하고, 닿고, 공감하라

아이가 곧 다칠 것 같거나 이미 그러한 위험에 처한 상황이라면? 명백한 비상 상황이고 따라서 부모인 나의 개입이 꼭 필요하다. 지금 당장 아이를 위험에서 빼내야 하기 때문에 아이에게 미리 얘기하고 설명할 시간도 없다. 바로 힘을 써서 아이를 세게 끌어당긴다. 아이의 건강과 생명을 위협하는 위험한 상황에서는 아이가 위험을 예측하는지와 상관없이 반드시 부모가 힘을 써서 아이를 보호해야 한다. 이때 가장 중요한 것은 지금 나의 행동이 아이를 구하기 위한 것임을 분명하게 알고 행동해야 한다는 점이다. 아이의 건강과 생명이 위험한 상황이 아닌 다른 때 아이를 상대로 어른의 힘을 사용하는 것은 러빙 리더십이 아니다.

아이의 안전을 지키기 위해 올바르게 힘을 사용하는 전략은 신체적 개입, 스킨십, 공감이라는 세 가지 단계로 진행된다. 첫 번째 단계는 신체적인 개입, 즉 부모가 힘을 써서 개입하는 것이다. 아래 예시 상황에서 어떤 방식으로 개입이 이루어지는지 확인하라.

◆ 아이가 도로를 향해 달려간다. → 아이의 팔을 잡고 도로에서 멀리 떼어놓아 위험한 공간에서 벗어나도록 한다.

◆ 아이가 뜨거운 인덕션에 손을 갖다 댄다. → 아이의 손을 잡고 인덕션에서 멀리 떼어놓는다.

◆ 아이가 수영장 쪽으로 달려간다. → 아이가 수영장에 빠지기 전에 아이의 몸을 잡는다.

◆ 아이가 콘센트나 가위를 만진다. → 아이의 손을 콘센트에서 떼어놓거나 아이에게서 가위를 뺏는다.

◆ 아이가 다른 아이를 깨문다. → 아이의 몸을 잡고 떼어놓거나 아이의 머리를 잡아 물지 못하게 한다.

◆ 아이가 화를 내며 팔을 마구 휘둘러 주변에 있는 모든 것을 때린다. → 아이의 팔을 꽉 잡는다.

◆ 아이가 자기 머리를 바닥에 내려친다. → 아이를 바닥에서 멀리 떼어놓고 머리를 꽉 잡는다.

◆ 아이들이 서로 머리채를 잡는다. → 아이들의 손을 잡아 머리를 당기지 못하게 한다.

◆ 아이가 식사를 하는 도중에 아기의자에서 내려가려고 몸을 흔든다. → 아이를 단단히 잡아준다.

◆ 아이가 미끄럼틀에서 내려와 가만히 앉아 있는데 다른 아이가

또 내려오고 있다. → 아이를 들어 옆으로 옮긴다.

◆ 아이들이 작은 트램펄린에서 순서를 지키지 않고 함께 뛰어놀고 있다. → 가장 가까이 있는 아이의 몸을 잡고 트램펄린에서 내려오게 한다.

이렇게 신체적으로 개입해야 하는 상황에서는 뒤에서 소개하는 비언어적 공감을 활용하거나 크고 활기찬 목소리로 "그만!"이라고 하거나 "가만히 있어!"라며 짧지만 분명하게 지시를 내리는 것도 좋다. 이러한 지시를 내릴 때는 어떻게 하라는 구체적인 행동을 말해야 하는데, 인간의 두뇌는 직관적인 말을 더 빨리 처리할 수 있기 때문이다. 요구가 구체적일수록 아이가 지시를 더 빨리 따르고 우리의 의도 역시 더 잘 이해할 수 있다. 이때는 다른 말이 필요하지 않다. 아이의 안전을 위한 행동에 집중하자.

공감은 러빙 리더십의 핵심이다. 공감은 우리의 영혼과 마음 깊은 곳에서 시작되어, 상대방이 가진 모든 욕구 및 감정과 함께 그 사람 자체를 바라보고, 있는 그대로 받아들이는 것이다. 그래서 다른 사람에게 공감한다는 것은 무엇보다도 상대방의 감정과 욕구를 가만히 들여다보고 받아들이는 행위다. 예를 들어 아이와의 대화에서 우리는 다음과 같은 방식으로 아이에게 공감할 수 있다.

"네가 얼마나 속상한지 느껴져."
"너는 지금 엄마의 사랑이 필요하구나!"

"너는 스스로 결정해서 행동하고 싶었는데 그러지 못해서 지금 화가 났구나."

비언어적 공감은 이런 생각을 말로 표현하기 전, 먼저 상대방이 어떤 마음이고 무엇을 원하는지 생각하고 느끼는 것이다. 비언어적 공감의 언어로는 "네 감정이 느껴져"라거나 "네 말을 듣고 있어" 정도가 있다. 다시 한번 말하지만 공감은 상대방이 가진 모든 감정과 욕구를 포함해 그 사람 자체를 바라보고 들어주는 것이자 상대방의 모든 감정과 욕구가 정당하다는 것을 알아주는 것이다.

그런데 만약 상대방이 분노에 휩싸였거나 언어적인 공감, 즉 말로 표현하는 공감을 받아들일 수 없는 상태라면 상대방이 이를 받아들일 준비가 될 때까지 비언어적인 공감을 유지한다. 예를 들어서 아이가 "닥쳐!"라거나 "꺼져!"라는 말을 한다면 지금 당장은 아이에게 부모의 공감보다는 조용히 혼자서 생각할 시간과 같은 다른 대안이 좀더 필요함을 뜻한다. 이 경우 지금 당장은 아이에게 공감해주는 말을 하지 않더라도 아이의 마음을 알고 받아들이려는 공감의 마음으로 기다린다면 아이 역시 그것을 느낄 수 있다.

신체적 개입으로 아이가 위험 상황에서 벗어났다면, 그 다음 '힘을 써서 보호하기' 전략에서 실행해야 할 2단계는 스킨십이다. 이번 2단계는 다음에 소개할 3단계와 함께 부모가 가진 힘을 남용하지 않고 올바르게 사용하는 데 매우 중요한 역할을 한다. 우선 첫 번째 단계에서 부모가 힘을 써 아이를 안전한 상태로 만드는 데 성공했다면 더 이상의 신체적 개입은 필요하지 않다. 그다음 2단계에서 필요한 것은 아이와의 스킨십으로, 아이를 품에 안거나 손으로 아이의 등이나 머리, 어깨를 쓸어주는 것이다. 스킨십은 방금 부모가 힘을 써 상황을 바꾸는 단계에서 아이가 받은 충격을 덜어주기 위한 분명한 방법이며 스킨십을 통해 아이와 부모 모두 서로에게 애착 호르몬을 분비시킬 수 있다.

앞서 여러 가지 부모의 개입이 필요한 위험한 상황에서 요구되는 1단계 대응 방식이 매우 다양한 것에 반해 2단계는 모두 동일한 방식으로 이루어진다. 만약 아이가 도로를 향해 달려가는 상황이라면 아이의 팔을 잡고 길에서 끌어내 안전한 곳으로 데려오는 1단계를 마쳤다면 2단계에서는 아이를 품에 안아주는 등의 스킨십을 진행한다. 이는 다른 상황에서도 모두 동일하게 이루어지는 원칙으로 아이들은 대개 부모의 품에서 안정감을 느끼고, 이렇게 심적으로 안정된 다음에야 비로소 부모의 행동과 마음에 공감할 수 있기 때문이다.

종종 어떤 아이들은 부모가 힘을 쓴 직후에 부모와의 스킨십을 거부하기도 하는데, 이때는 억지로 스킨십을 할 필요가 없다. 기질에 따라 부모와 거리를 두거나 불만을 표현하는 아이들도 얼마든지 있을 수 있다. 만약 아이가 스킨십을 거부하면 바로 3단계로 넘어가고, 그 진행 과정에서, 혹은 3단계를 모두 끝낸 다음 스킨십을 시도해도 괜찮다.

아이를 보호하기 위해 힘을 사용하는 전략의 마지막 3단계는 공감이다. 힘을 써서 아이를 위험으로부터 안전하게 보호하고 스킨십으로 아이를 진정시켰다면 이제 말로 공감을 표현하는 과정이 필요하다. 물론 이미 첫 번째와 두 번째 단계에서도 말이 아닌 행동으로 '엄마가 너를 도와줄게!'라거나 '아빠가 너를 보호해 줄 거야!'처럼 아이에 대한 사랑과 공감을 보여줬다. 다만 이번 단계에서는 의식적으로 공감을 표현해 아이가 훈육과 사랑을 연결 지어 이해하도록 돕는다.

이때 중요한 것은 그 상황에서 아이에게 공감이 얼마나 필요한지 부모가 아닌 아이가 직접 결정한다는 점이다. 이는 아이의 행동을 통해 파악할 수 있는데, 부모가 아이에게 공감을 표한 뒤 아이가 다른 이야기를 하거나 시선이 다른 곳을 향한다면 공감을 충분히 느꼈다는 신호다. 참고로 이때 아이가 느끼는 공감은 언어적인 것일 수도 있고 비언어적인 것일 수도 있다.

더불어 아이들이 어릴수록 말로써 공감을 표현하는 것이 아이에게 부담을 줄 수 있기 때문에 가능한 한 말을 적게 하는 것이 좋다. 아이가 지금 공감을 받을 마음의 준비가 되어 있지 않다면 우선 비언어적인 공감을 지속하다가 나중에 아이가 진정된 다음 언어적 공감을 표현한다. 아이가 귀를 막는 등 거부하는 행동을 한다면 아직 공감을 받아들일 준비가 되지 않았다는 뜻이니 결코 강요해서는 안 된다.

공감이란 어떤 상황에서 그 사람이 느꼈을 감정을 이해하는 것에서 시작한다. 그 공감의 대상은 아이의 감정뿐 아니라 나의 감정도 포함된다. 그렇다면 구체적인 공감의 표현으로는 무엇이 있을까? 다음 예시를 통해 알아보자.

아이가 도로를 향해 달려가는 상황이라면

1단계: 아이의 팔을 잡고 아이를 도로에서 멀리 떼어놓는다.

2단계: 아이를 품에 안아준다.

3단계: 아이에게 공감하며 대화한다.

"와, 아슬아슬했다, 그치? 지금 아빠가 갑자기 팔을 잡아서 엄청 놀랐지?"

"응, 진짜 짜증났어!"

"그래, 짜증났지. 아프지 않게 만졌으면 좋겠지?"

"응!"

"아팠어? 아팠다면 어디가 아팠는지 한번 보여줄래?"

"여기 팔이 아팠어!"

"아빠가 한번 보고 쓰다듬어줘도 될까?"

"응!"

"갑자기 잡아서 아프고 놀랐지?"

"응!"

"아빠도 진짜 놀랐어. 왜 아빠가 갑자기 잡았는지 알려줄까?"

"응!"

"네가 찻길로 가려고 하는 걸 봤거든. 그래서 아빠도 정말 놀라고 걱정이 됐어. 왜냐하면 아빠는 네가 언제나 안전하고 건강했으면 하거든. 그래서 너를 안전하게 보호해 주려고 팔을 잡았던 거야. 그래도 아팠지?"

"응!"

"아빠도 너를 아프게 한 게 너무 속상해. 그런데 아빠에게는 너를 안전하게 보호할 책임이 있어. 그렇지만 앞으로 네가 찻길로 달려갈 때 다른 방법으로 어떻게 할 수 있는지 생각해 볼게. 아빠는 언제나 너를 지켜줄 거야! 자, 그럼 이제 계속 갈까?"

"응!"

한 가지, 힘을 써서 보호하는 전략의 2단계와 3단계는 거의 동시에 사용될 때가 많은데 이때 부모가 아이의 나이와 기질, 반응 등을 잘 살펴 아이의 특성에 맞추어 활용해야 함을 유의하자. 아이에게 상황을 설명하거나 이해시키는 것은 아이의 나이에 맞춰 진행되어야 하는데, 앞서 말했듯 아이의 나이가 너무 어리다면 너무 많은 대화가 오히려 아이에게 부담이 될 수 있다. 따라서 엄마나 아빠가 힘을 써서 아이를 보호한 것이 아이가 안전하길 바라는 욕구에서 비롯됐음을 아이가 이해할 수 있는 수준의 언어로 바꾸어 전달해야 한다. 이 과정 역시 기본적으로 많은 말이 필요하지 않다.

마지막으로 이와 같은 위험한 상황에서 진행하는 부모의 행동과 스킨십, 공감이라는 세 가지 행동 단계가 부모의 어린 시절에서 비롯된 트라우마를 치료하는 데에도 도움이 된다는 것을 참고하자.

아이가 나의 도움을 거부한다면?

　부모가 힘을 써서 아이를 보호할 때, 부모의 다양한 시도와 행동이 아이가 스스로 해보려고 하는 자율성 욕구와 부딪칠 수도 있다. 만약 우리가 아이를 보호하기 위해 힘을 써서 개입했을 때 아이가 짜증이나 화를 낸다면 이는 우리의 개입이 아이의 자율성 욕구와 충돌하고 있음을 나타내는 명백한 신호다. 아이 입장에서야 부모가 힘을 써서 자기가 하려는 행동을 제지했으니 실망하고 짜증이 나겠지만, 우리는 부모 입장에서는 아이를 보호하기 위한 일을 한 것일 뿐이다. 그러니 부모는 아이가 자신의 주도권을 잃는 순간에 느꼈을 상실감과 충격을 받아들이고 동시에 그 순간에 힘을 써야만 했던 나의 마음에도 공감해야 한다.

　아이가 화를 내고 소리를 지르고 주먹을 마구 휘두르고 발로 차거나 문다면 가장 먼저 할 일은 아이가 나를 화나게 하려고 일부러 그런 행동을 하는 것이 아니라는 사실을 제대로 아는 것이다. 그러한 아이의 행동은 특정한 의도를 가졌다기보다 현재 자신의 상태를 어떻게든 표현하기 위한 것임을 알고, 언제나 이를 받아들일 수 있다는 마음가짐으로 아이를 대하자. 그리고 이러한 태도는 어느 상황이든 유지될 수 있도록 해야 한다.

일단 이러한 마음가짐을 갖는 데 성공했다면 그다음은 힘을 써서 아이가 자기 자신이나 부모인 나, 주변의 다른 사람에게 상처를 입히거나 물건을 망가뜨리지 못하게 보호해야 한다. 아이가 때리거나 발로 차려고 하면 앞에서 설명했던 것처럼 손목이나 발목을 잡아서 행동을 멈추게 한다. 다만 이때는 필요한 정도의 힘만을 사용해 최대한 부드럽게 제지해야 하며 아이가 나를 때리면 손목을 잡고, 의자를 가져와서 공격하려고 하면 의자를 잡는 식으로 진행한다. 아이에게 공감하려는 마음으로 모든 사람과 물건이 온전히 있도록 하는 것이 우리가 해야 할 일이다.

폭력적 행동을 제지할 때는 아무 말도 하지 않고 비언어적인 공감만 표현하는 것이 가장 좋지만 "엄마가 옆에 있어", "네가 할 수 있게 도와줄게", "우리는 이 상황을 잘 해결할 수 있어"처럼 짧고 분명한 말로 공감을 표현할 수도 있다. 아니면 앞에서 설명한 것처럼 "그만!", "멈춰!", "의자 내려놔!"처럼 간결하게 행동을 지시하는 말을 할 수도 있다.

아이가 분노 뒤에 숨어 있는 스트레스, 좌절감, 무력감, 실망감과 같은 감정을 모두 발산하도록 도와줄 수도 있다. 아이가 소리 내서 감정을 표현하거나, 찡그린 표정을 짓거나, 사자처럼 울부짖어 화난 감정을 뱉어내거나, 인형을 벽에 던지거나, 심호흡을 하거나, 발을 구르거나, 베개에 대고 소리를 지르는 것처럼 다양한 방식으로 감정을 표출하도록 유도하는 것이다. 이러한 과정 속에서 아이가 안전하고 자유롭게 분노를 표현할 수 있는 틀이 갖추어진다. 이후에는 그틀 안에서 행동하기 때문에 모든 사람과 물건을 안전하게 보호할 수 있으며 아이 역시 자신의 감정이 받아들여졌다고 생각할 수 있다.

아이들이 가정 내에서 분노라는 감정을 받아들이고 부모와 함께 표출할 수 있는 '화내기 공간'을 만들어도 좋다. 만약 아이가 어리다면 이 공간을 부모와 함께 이용할 수도 있다. 아이들은 정서적 발달을 거듭함에 따라 감정을 더 잘 조절하게 되므로 화내기 공간을 활용하는 경우는 점차 적어진다. 대신 조용히 심호흡을 하거나 잠깐 별도의 공간에서 혼자만의 시간을 가지는 등 더 차분하고 조용한 전략을 더 많이 사용하게 될 것이다.

부모가 아이에게 바르게 분노를 표출하는 방법을 직접 보여주는 것도 매우 중요하다. 아이의 분노 정도에 따라 부모가 직접 발을 구르거나, 소리를 지르거나, 베개를 때리는 것과 같은 행동을 보여주고 이를 통해 아이가 분노를 표현하는 방법을 배우는 것이다. 이때 어떤 방식을 선택할 것인지는 아이의 행동을 통해 정할 수 있는데, 부모가 분노 표출 방식을 보여주었을 때 아이가 다른 방식으로 더 화를 낸다면 그에 맞춰 분노를 표출할 전략을 만들어주어도 좋다. 아이의 두뇌는 아직 완전히 성장한 상태가 아니기 때문에 화가 난 상황에서는 언어를 거의 받아들이지 못하고 비언어적인 표현 방식을 훨씬 더 쉽게 받아들인다.

아이가 한참 분노를 터뜨리다 보면 언젠가는 부모의 무릎이나 다른 곳에 몸을 축 늘어뜨리는 순간이 오는데 이는 아이가 감정을 충분히 표출했다는 신호다. 다시 말해 이제 분노를 표출하는 방법을 알았거나 분노 뒤에 숨어있던 스트레스가 충분히 해소되었다는 뜻이다. 그리고 바로 그 순간이 힘을 써서 보호하기 전략의 2단계와 3단계를 다시 이어갈 때다. 아이와 스킨십을 나누고 아이의 마음에 공감해야 할 때인 것이다. 어떤 식의 스킨십과 공감을 할 것인지, 아이에게 무엇이 필요한지는 아이의 상태에 따라 판단한다. 먼저 아이에게 공감한 뒤 스킨십을 할지, 아니면 스킨십이 먼저 이루어진 다음 공감을 표현할지 여부도 상황과 아이 개인의 특성에 따라서 달라진다.

더불어 일상에서 아이가 주도적으로 할 수 있는 활동이 많으면 많을수록 이런 순간들에 아이가 느끼는 좌절과 실망이 적다. 따라서 평소 러빙 리더십을 통해 아이가 일상 속에서 자율성 욕구를 충분히 채울 수 있도록 신경 써야 한다. 자율성을 기르는 것 역시 훈육의 한 부분이고, 아이의 자율성 욕구가 충분히 채워지면 아이가 부모에게 협력하거나 부모의 공감을 받아들이는 능력도 더 좋아진다. 그러니 일상에서 아이가 스스로 할 수 있는 일이 무엇인지, 약간의 도움과 함께 해볼 수 있는 일이 무엇인지 파악하고 아이의 자율성 욕구를 채워줄 방법을 생각해 보자.

힘을 써서 아이를 보호할 때 가장 중요한 것은 내 행동에 대한 확신과 아이에게 공감하려는 마음가짐이다. 언제나 이런 마음가짐으로 행동하는 것이 가장 좋겠지만, 최소한 스킨십으로 아이를 안정시키는 2단계부터는 반드시 공감을 시작해야 한다. 내가 왜 이런 행동을 하는지, 아이의 어떤 욕구를 채워주기 위해 행동하는지를 분명히 알고 아이에게 공감하는 마음으로 행동하는 것이 폭력과 러빙 리더십을 구분 짓는 가장 결정적인 요소임을 잊지 말자.

비폭력 의사소통의 첫 번째 기본 원칙을 다시 떠올려 보라. 그 원칙은 '그 누구도 나를 일부러 괴롭히려고 행동하지 않는다. 사람은 누구나 자기 자신을 위해 행동한다'는 것을 인지하는 것이다. 이 원칙에 따라 행동하면 다른 사람을 비롯해 나 자신을 비난하지 않을 수 있고, 다음과 같은 마음의 확신을 가질 수 있다.

나는 위험한 상황에서 힘을 써서 아이를 보호한다.
안전하고자 하는 아이의 욕구를 채워준다.
나는 위급한 상황에서 아이를 보호하기 위해 내가 할 수 있는 최선을 다한다.
같은 상황에서 아이도 마찬가지로 자신의 최선을 다하고 있음을 안다.

우리는 부모로서 아이를 비난하지 않고 아이를 보호할 책임이 있다. 그래서 위험한 상황에서 적극적으로 행동하고, 행동한 다음에 아이의 마음에 공감해야 한다. 아이가 어리다면 비슷한 상황이 여러 번

반복될 수도 있다. 그 모든 과정에서 아이들은 계속해서 배워가고 있음을 기억하자.

아이를 누구보다도 잘 아는 사람은 바로 부모다. 그렇기 때문에 아이의 행동을 예측해서 위험해질 수 있는 상황을 사전에 방지하는 것도 가능하다. 또 일상에서 훈육할 때나 힘을 써서 아이를 보호해야 하는 상황에서도 부모가 아이의 특성에 맞춰 대응할 수 있다.

한 가지 또 중요한 것은 아이를 훈육할 때는 반드시 부모인 나 역시 소중하게 돌보고 내 마음에도 공감을 해줘야 한다는 점이다. 특히 어린 시절 부모가 힘을 써서 개입한 이후 공감받은 경험이 없었다면 부모에게도 이러한 과정이 더욱 필요하다는 것을 명심하자.

힘을 써서 아이를 보호할 때
필요한 나의 마음가짐

세 살인 페트라의 아들은 자전거를 타다 도로에 도달했을 때 멈춰야 한다는 것을 이미 알고 있다. 하지만 가끔은 멈추지 않고 도로를 건너가 버릴 때가 있는데 페트라가 느끼기에는 마치 일부러 그러는 듯하다. 아이가 그런 행동을 할 때마다 페트라는 아이를 보호하기 위해 꽉 붙잡는데, 그럴 때마다 아이는 아주 강한 거부 반응을 보인다. 하지만 페트라로서는 아이를 놓을 수가 없다. 붙잡고 있는 와중에도 아이가 다시 도로를 건너려는 느낌이 들기 때문이다. 아이는 점점 더 화를 내고, 아이가 도로로 뛰쳐나가 사고를 당하지 않을까 하는 페트라의 걱정도 커진다. 게다가 이렇게 실랑이를 하고 난 뒤에는 아이와 다시 애착 관계로 돌아가는 데 더 긴 시간이 걸리는 것 같다.

페트라는 아들이 도로를 건너는 것이 위험하다는 사실을 알면서도 마치 일부러 그런 행동을 하는 것 같다고 생각한다. 그런데 이런 마음으로는 러빙 리더십의 방식으로 힘을 써서 아이를 보호하기가 쉽지 않다. 페트라의 아들은 엄마를 화나게 하려고 일부러 그러는 것이 아니라 자신의 자율성 욕구를 채우려고 최선을 다하는 중이다. 그저 자기 자신을 위해 행동하는 것뿐이다. 그러니 페트라 역시 아이의 행동을 아이의 관점에서 다시 바라봐야 한다. 그러면 아이의 행동을 탓하기보다 아이가 왜 그런 행동을 하는지 더 잘 이해할 수 있다.

부모의 역할은 겉으로 보이는 아이의 행동 뒤에 숨어 있는 욕구를 잘 관찰하고, 이를 통해 아이가 스스로 규칙을 따르고 자신을 보살필 수 있도록 도움을 주는 것이다. 아이는 아직 자기 행동의 결과를 예측하기에는 너무 어리다. 따라서 부모가 적절한 힘을 활용해 아이를 보호하는 러빙 리더십으로 이끌어주어야 한다.

여기서 페트라의 마음에 대해 조금 더 살펴보면, 페트라는 분명히 아이의 신체적 건강을 지키기 위해 행동하고 있지만 그럼에도 아이의 거부 반응으로 점점 불안해지는 상태다. 아이가 화를 내는 것으로 보아 더 이상 나를 사랑하지 않는 듯하고, 그 불안감이 페트라의 마음속 확신을 무너뜨린다. 당연히 아이에 대한 사랑을 바탕으로 훈육했음에도 아이가 공감하고 받아들일 것이라 확신할 수 없다. 이 상태에서는 힘을 써서 아이를 보호하기 전략의 두 번째와 세 번째 단계까지 진행하기 어렵다.

페트라는 우리와 상담을 통해 자신의 마음에 공감하는 과정을 거쳤고, 그러면서 자신이 이 상황에 부담(감정)을 느끼고 있으며 더 많은 자기효능감(욕구)을 필요로 한다는 것을 깨달았다. 페트라에게 자기효능감이 부족한 이유는 이런 상황에서 어떻게 행동해야 할지 모르기 때문이다. 페트라는 아이의 안전을 걱정(감정)하고 있음에도 아이를 보살피려는 욕구를 채우지 못했다. 페트라가 자기효능감을 채우려면 이런 상황에서 자신이 정확히 어떻게 행동해야 하는지, 아이를 자신이 원하는 대로 보살피려면 어떻게 해야 하는지를 먼저 알아야 한다.

아이가 왜 그렇게 강하게 반응하는지를 알지 못해서 느껴지는 당황스러움(감정)과 이러한 아이의 반응을 이해(욕구)하기 위해서도 페트라는 자신의 감정을 먼저 파악해야 한다. 현재 페트라는 슬픔의 감정도 느끼고 있는데, 이는 아이와의 애착(욕구)이 채워지지 않았기 때문이다. 따라서 페트라는 우선 자신과의 애착을 먼저 쌓아야 한다. 스스로를 돌보고 사랑할 수 있어야 다른 사람과도 애착을 쌓을 수 있기 때문이다. 그렇게 페트라가 자신과의 애착을 충분히 쌓았을 때만이 비로소 아이가 어떤 욕구를 가지고 있는지 살펴 채워줄 수 있으며, 또 아이의 행동을 평가하거나 비난하지 않는 비폭력 의사소통의 원칙에 따라 아들을 대하고 다시 애착관계로 돌아갈 수 있다.

또 페트라가 이러한 상황에서 어떻게 해야 하는지를 알기 위해서는 아이에게 정말로 필요한 것이 무엇인지도 함께 살펴야 한다. 그래야 페트라는 아이가 필요한 것을 채우도록 도울 수 있고 그 과정에서 아이를 돌보려는 자신의 욕구도 채울 수 있다. 결국 모든 것은 서로 연결되어 있다.

여기까지 성공했다면 그 다음으로 페트라가 해야 할 일은 아이의 행동을 관찰해 아이의 감정을 이해하는 것이다. 아이는 자전거를 타고 도로를 건너면 안 된다는 엄마의 말을 들었음에도 계속 도로를 건너려고 한다. 이때 아이는 도로를 건널지 말지를 스스로 결정하고 싶은 마음일 수 있다. 어쩌면 자신이 안전한지, 즉 엄마가 나를 지켜주는지 확인하고 싶어서일 수도 있다. 그러니 일부러 그러는 것 같다고 아이를 탓하기보다 아이가 자율성 욕구를 채우거나 자기 안전을 확인해 안전에 대한 욕구를 채우려고 행동하는 것임을 알아채야 한다. 아이는 결국 자신의 행동에 대한 부모의 반응을 통해 도로에서 어떻게 행동해야 하는지를 확인하고 배울 수 있다.

아이는 이런 모든 행동을 무의식적으로 행하는데, 이는 자기 행동을 통제할 수 있는 성숙한 인간으로 성장하기 위한 자연스러운 과정이다. 아이들이 성장하기 위해서는 이러한 반복적인 경험이 필요하다. 아이들에게 단 한 번의 설명은 충분하지 않을 때가 훨씬 더 많고, 결국 반복을 통해 배운다. 아이들은 부모가 자신을 꽉 잡을 때 나를 보호하기 위해 지켜야 하는 선이 어디인지, 그 선을 어떻게 지켜야 하는지, 어떻게 나의 안전을 지켜야 하는지를 배운다. 동시에 우리는 이러한 상황에서 아이가 화를 내는 모습을 통해 아이의 자율성 욕구가 채워지지 않고 있다는 사실을 파악할 수 있다.

그러면 페트라가 이 상황에서 편안한 마음으로 힘을 써서 아이를 보호하려면 어떻게 해야 할까? 페트라에게는 자기 행동에 대한 확신이 필요하다. 페트라는 위험한 상황이 모두 끝날 때까지 아이를 단단히 붙잡고 있을 수 있으며 또 다른 방법으로는 아이를 끌고 도로에서 멀리 떨어져 나올 수도 있다. 이때 아이가 거부하는 상황에서 아이를 끌고 나오는 방법에 대해서는 앞서 아이가 힘을 써서 보호하기 전략을 거부하는 경우를 설명하며 다룬 바 있다. 중요한 것은 아이가 도로로 달려갈 것 같다는 생각이 사라지지 않는 한 아이를 잡은 손을 놓지 않는 것이다. 이런 확신이 있을 때 힘을 써서 아이를 보호하기 위한 1단계를 제대로 실행할 수 있다.

힘을 써서 아이를 보호하기 전략의 2단계와 3단계를 진행하기 위해서는 우선 아이가 받아들일 마음의 준비가 되어야 한다. 아이가 1단계부터 계속 거부하는 상황이라면 다음 단계로 넘어갈 수가 없다. 종종 1단계에 머물며 아이와 끝나지 않는 줄다리기를 하는 기분이 들 수도 있지만 그럼에도 지금 자신의 이 행동이 아이를 안전하게 보호하기 위한 일임을 계속 떠올려야 한다. 동시에 스스로의 마음에 공감하거나, 지금 상황을 버티기 위해 자신에게 필요한 것이 무엇인지를 생각해 보기도 하고, 아이에게 비언어적 공감을 표현할 수도 있다.

도로에서 아이가 멋대로 튀어나가지 못하게 붙잡고 있다 보면 아이와 부모 모두가 불안해질 수 있다. 하지만 그 방법이야말로 위험한 상황에서 아이를 보호할 수 있는 유일한 대응책이다. "괜찮아. 아빠가 여기 있어!"라거나 "엄마가 도와줄게"와 같은 말을 건네는 것도 불안감을 잠재우는 데 도움이 될 수 있다.

부모로서 아이를 안전하게 지키겠다는 확신을 가지고 아이를 붙잡고 있다 보면 어느 순간 아이의 긴장이 조금 풀어지는 때가 온다. 그러나 아무리 아이의 긴장이 풀렸다고 해도 아이의 손을 놓는 순간 곧바로 아이가 달려 나갈 것 같다는 느낌이 든다면 여전히 손을 놓아서는 안 된다. 인내심을 가지고 조금 더 기다리다 정말로 아이 몸 전체의 긴장이 풀리고 늘어지는 듯한 순간, 2단계로 넘어가 아이를 품에 꼭 안아주자. 이때 "와, 방금 정말 많은 감정이 느껴졌지?"라며 공감하는 말을 전달하는 것도 좋다. 이때 아이가 느꼈던 긴장이나 스트레스가 눈물로 터져 나오기도 한다. 그러면 아이와 계속 포옹을 유지한 채 아이가 느끼는 모든 감정에 대해 함께 이야기하며 아이 스스로 충분히 감정을 표현하고 해소할 수 있도록 이끌어주자.

"언제 길을 건널 건지 네가 스스로 결정하고 싶던 거지?"

"응."

"혹시 엄마가 너를 꽉 잡아서 화 났어?"

"응! 엄마는 바보야!"

"네가 스스로 결정하고 싶었기 때문이야?"

"응!"

"그래, 스스로 결정하고 싶구나! 그런데 도로에서 자전거를 타는 건 너의 안전이 달린 일이라서 엄마가 결정해야 해. 대신 네가 스스로 결정할 수 있는 건 뭐가 있을까?"

"몰라!"

"엄마한테 생각이 하나 있는데, 들어볼래?"

"응!"

"도로를 건너는 일은 너의 안전을 위해서 중요한 일이니까 그것만 엄마가 결정할게. 대신 우리가 집에 갈 때 가까운 길이랑 돌아가는 길 중에서 어디로 가고 싶은지를 네가 결정하는 건 어때?"

"좋아, 돌아가는 길로 갈래!"

"그래, 그러면 돌아가는 길로 가자. 그리고 네가 스스로 결정할 수 있는 게 또 있는데, 들어볼래?"

"응응!"

"우리 집까지 갈 때 경주마 놀이를 할래, 아니면 자동차 놀이를 하면서 갈래?"

"경주마!"

"좋아, 네가 결정한 대로 하자! 그럼 출발!"

이렇게 하면 아이의 자율성과 함께 놀이와 즐거움에 대한 욕구를 채울 수 있고, 자칫 감정적으로 무거워지기 쉬운 상황을 가볍고 편안하게 만들 수 있다. 이제 페트라와 아이에게는 말의 울음소리를 흉내 내며 즐겁게 집으로 돌아가는 일만이 남았다.

그런데 간혹 놀이와 즐거움을 통해 상황을 가볍게 풀어내는 일을 어려워하는 부모도 있다. 어쩌면 이는 우리가 어렸을 적 자유롭게 떠들고 행동하거나 즐겁고 신난 감정을 온전히 표현하기 어려운 환경에서 자랐기 때문일 수도 있다. 만약 어린 시절 그런 행동을 보일 때마다 시끄럽다고 혼이 나거나 가만히 있으라는 지적을 받았다면 무의식중에 언제나 '조용히 해야 해', '가만히 있어야지'와 같은 생각이 자리 잡고 있을 수도 있다. 하지만 지금부터는 그러한 생각은 멀리 치워버리고 다음과 같은 생각을 대신 떠올려 보자.

'나는 즐거울 수 있다!'
'나는 기쁨과 흥분을 표현해도 된다!'
'장난치고 떠들어도 괜찮다!'
'웃기고 바보 같은 짓을 해도 괜찮다!'

언제나 아이의 안전이
가장 중요하다

다시 한번 페트라의 상담 사례를 살펴보자. 페트라는 아이와 실랑이를 벌이고 난 뒤 나중에 다시 아이에게 다가가고 애정을 나누는 데 더 오랜 시간이 걸리는 듯하다는 고민을 토로했다.

하지만 아이의 안전이 위협받는 상황에서는 아이가 안전하다는 확신이 들 때까지 아이의 손을 놓지 않는 것이 맞다. 페트라가 '아이에게 다시 다가가기 어렵다'고 느끼는 것은 아이가 그 당시 스킨십보다 공감을 더 필요로 했기 때문이다. 이때는 아이에게 말로 표현하는 언어적 공감이든, 아이의 감정을 마음으로 느끼는 비언어적 공감이든 아이의 성격과 상황에 맞추어 최선을 다해 공감하자. 그다음 아이에게 스킨십을 시도해야 한다.

페트라는 아이를 꽉 잡고 있는 자신의 행동이 폭력적이고 위협적이라고 느꼈다. 자연스레 페트라의 마음속 내면아이도 함께 불안을 느끼면서 안정감과 보호를 원했을 테고, 이러한 상황을 견디기 쉽지 않았을 것이다. 하지만 이때 자신이 왜 이러한 행동을 하고 어떻게 해야 하는지를 분명히 깨닫는다면 힘을 써 아이를 보호하는 전략을 사용하기 훨씬 쉬워진다. 그리고 이러한 경험을 하면 할수록 비슷한 상황에서 문제를 더 빨리 해결할 수 있다.

한편 페트라의 아이처럼 자율성 욕구가 큰 경우일지라도 아이의 안전이 더 중요하기 때문에 아이가 스스로 결정할 기회를 만들어주기 어려울 때도 있다. 이런 경우는 안전과 관련한 상황 외 일상생활 속에서 아이가 스스로 결정하고 해볼 수 있는 다른 기회를 더 많이 만들어주자. 아이가 가족과 보내는 일상에서 해야 할 일을 스스로 정하거나 가족이 함께 결정을 내려야 하는 순간에 참여하는 등 충분한 자기 주도 경험을 갖고 있다면, 보호자가 특정한 상황에서 개입할 때 아이의 반응이 달라질 수 있다.

페트라 역시 아이에게 상황에 대해서 충분히 설명해주어야 한다. "엄마는 너를 안전하게 보호해야 할 책임이 있어. 그래서 너의 몸을 꽉 붙잡기도 하고, 자전거를 집에 두고 가라고 이야기하는 거야."

어린아이들에게 부모의 보호가 필요하다는 사실은 너무나 명백하지만, 종종 부모의 제안에 화를 내거나 강렬한 반응을 보이는 아이도 있다. 그때는 앞서 설명했던 것처럼 아이가 감정을 해소하는 과정을 함께해 주자.

1. 힘을 써서 개입하기

"그만! 손 떼!"

"멈춰! 물러나!"

"가만히 있어!"

"그대로 있어! 잡아줄게!"

아이가 위험에 처한 경우 부모는 힘을 써서 아이를 보호한다. 이때 언어는 짧고 분명하게 전달한다. 특히 부모가 분명하고 자신감 있는 어조로 말하는 것이 중요하다. 상황에 따라서는 다음과 같은 짧은 설명을 덧붙일 수도 있다.

"엄마는 너를 보호하려고 그런 거야."

"너의 안전을 위해서란다."

"네가 다치면 안 되니까 그런 거야."

2. 스킨십

부모의 개입으로 놀란 아이를 스킨십으로 진정시킬 때는,

곧바로 다음 단계인 공감으로 넘어가기보다 잠깐 동안 아무 말도 하지 않고 가만히 있는 것이 도움이 된다. 스킨십을 하면서 아이와 함께 숨을 가다듬고 안아서 흔들어주면서 다시 애착 관계로 돌아가는 것이다.

3. 공감

"아까 엄마 아빠가 너를 갑자기 확 잡아서 놀랐지?"

"혼자 해보고 싶었는데 그러지 못해서 화가 났구나?"

"아이고, 방금 너무 세게 잡았지?"

"지금 무슨 일인가 싶어서 놀랐고 불안하지?"

"괜찮아, 엄마 아빠가 여기 있어!"

"엄마 아빠가 잡아줄게!"

"엄마 아빠가 있으면 너는 안전하단다."

공감에서 중요한 것은 아이가 어느 정도 안정을 찾을 때까지 기다린 다음에 앞선 행동에 대한 이유를 설명해 주는 것이다. 얼마나 기다려야 할지는 아이의 나이와 이해력에 따라 달라지며 경우에 따라서는 다음 날에 이루어질 수도 있다. 다음은 "엄마 아빠 때문에 많이 놀랐지?"라는 공감 뒤에 따라올 수 있는 말이다.

"너의 안전이 엄마 아빠한테 정말 중요해서 그랬어."

"너의 생명이 엄마 아빠한테 너무 소중해서 그랬어."

"너의 건강을 엄마 아빠가 중요하게 생각해서 그랬어."

너무 늦거나 빠르지 않은 적절한 시점에 그런 행동에 대한 미안함을 전해야 한다.

"너를 세게 잡아서 미안하고 엄마 아빠도 정말 속상해. 엄마 아빠는 너와 잘 지내고 싶거든. 그렇지만 엄마 아빠는 너의 안전을 지킬/너를 보호할 책임이 있는 사람이야. 그래서 지금 네가 다치지 않은 것/무사한 것/우리가 안전하게 잘 해낸 것이 너무 좋아!"

"자, 우리 서로를 꼬옥 안아주면서 놀란 마음을 다스려보자. 그러면 우리 둘 다 마음이 편안해질 거야!"

이 모든 것들은 말로 표현할 수도 있고, 말이 아닌 행동이나 신호로 표현할 수도 있다. 때로는 말보다 행동이 더 효과적이기도 하다. 다음 문장을 통해 우리가 힘을 써서 아이를 보호해야 할 때 더 확신을 가지고 행동할 수 있도록 하자.

나는 아이의 몸을 보호하기 위해

적극적으로 노력한다.

나는 부모로서 아이의 몸을 보호하기 위해

의도적으로 힘을 쓰는 것이다.

나는 힘을 써서 아이를 보호하는

나의 마음에도 공감한다.

나는 아이를 보호하기 위해 힘을 쓸 때

책임감을 가지고 행동한다.

나는 부모로서 아이를 보호하기 위해

힘을 쓸 수 있다.

이 중 가장 공감되는 말을 종이에 써 집에서 잘 보이는 곳에 붙여 두자. 그리고 그 앞을 지나갈 때마다 소리 내 읽어보자. 그러면 생각 보다 더 빨리 그 문장을 내 것으로 만들 수 있다. 아이를 보호하기 위 해서 힘을 쓴다는 개념을 아무리 잘 알고 있어도 아이에게 힘을 사용 한 뒤 마음이 좋을 리 없다. 그러니 힘을 써서 아이를 보호해야 하는 이유를 생각하며 나의 마음에도 공감해 주자.

앞선 상황으로 놀랐을 아이를 진정시킨 뒤 다시 두 사람의 마음 이 연결될 수 있도록 둘만의 의식을 만드는 것도 도움이 된다. 사랑주유소를 만드는 것은 어떨까? 아이를 보호하기 위해 힘을 써야 했던 상황이 지나고 난 뒤, 아이를 품에 안거나 무릎 위에 올리고 이렇게 말하는 것이다. "방금 진짜 놀랐지? 엄마 아빠도 놀랐어. 자, 그럼 우리 다시 서로에 대한 사랑을 채우러 가볼까? 주유소 준비됐어요?" 아이가 좋다고 대답하면 양손을 맞대고 세게 비빈 다음, 따뜻해진 손을 아이 배꼽 위에 올린다. 그리고 "자, 엄마 아빠의 사랑이 들어갑니다! 엄마 아빠는 항상 네 곁에 있을 거야!"와 같은 말을 하는 것이다. 이때 아이가 '후우우우' 소리를 내며 배가 부풀어 오를 때까지 깊게 숨을 들이쉬고, 다시 배가 평평해질 때까지 내쉬게 할 수도 있다. 어느 정도 시간이 지나면 아이에게 '엄마 아빠의 사랑'이 충분히 충전됐는지 물어본다. 아이가 충분하다고 여기면 멈추고, 아직 부족하다면 이 행동을 반복한다.

만약 아이가 아직 스킨십을 할 준비가 되지 않았다면 무릎 위에서 부모의 체온을 느끼는 것만으로 충분할 수도 있으며 아이가 준비가 될 때까지 기다리는 것도 좋다. 혹은 아이와 나만의 특별한 의식을 만들 수도 있다.

제5장

힘을 써서 대신 해주기,
아이 스스로 하는 것만이
정답은 아니다

때로는 아이의 일을
대신 해줘야 할 때도 있다

　'힘을 써서 대신 하기'는 부모의 힘을 활용하는 또 다른 전략이다. 러빙 리더십에서 이 전략은 아이가 아직 자기 행동의 결과를 예측하지 못하거나 행동의 인과관계를 이해하지 못할 때 도움을 주고자 사용한다.

　힘을 써서 대신 해주는 전략은 분명함, 행동의 방향, 위계질서, 루틴, 생활 리듬, 경계선, 신체 건강, 질서에 대한 아이의 욕구를 채우고 아이를 보호하기 위해 사용한다. 쉽게 말해 부모가 아이를 도와주는 것으로, 아이가 스스로 하려는 의지는 있지만 실행이 어려울 때 도움을 주는 방식이다.

　앞 장에서 살펴본 힘을 써서 아이를 보호하는 것과 마찬가지로 이번 전략 역시 아이의 자율성 욕구보다는 부모의 책임인 아이의 필수 욕구를 먼저 돌보아야 한다는 점을 기억하자. 일상에서 아이의 자율성 욕구가 충분히 채워지면 부모가 힘을 써서 대신 하는 상황도 자연스럽게 줄어든다.

발달심리학적 관점에 따르면 아이가 순전히 충동만을 따르는 시기에 힘을 써서 대신 해주는 전략을 통해 부모는 아이와 주변의 모든 것이 안전한 상태를 유지할 수 있다. 아이가 충동적으로 행동하는 이유는 뇌에 뉴런이 충분히 만들어지지 않았고, 따라서 아직은 모든 상황에서 자기 자신과 신체를 통제하기가 어렵기 때문이다.

또 한 가지 이 전략을 사용할 때 명심해야 할 사항이 있다. 앞에서 소개한 러빙 리더십의 여섯 가지 전략을 설명한 그림을 떠올려 보면 힘을 써서 대신 하는 전략의 비중이 결코 크지 않고, 이 전략을 사용할 때는 러빙 리더십의 다른 모든 전략에서 그러한 것처럼 부모의 마음에 공감과 확신이 필요하다.

부모가 힘을 써서 대신 하는 이 전략은 아이가 모든 상황에서 자신의 행동으로 인한 결과를 책임질 수 있고 행동과 결과 사이의 인과관계를 이해할 때 자연스럽게 끝난다. 그게 언제인지는 아이의 성장 과정이나 상황에 따라서 달라질 수 있다. 그렇지만 기본적으로 아이가 어릴수록 부모가 힘을 써서 대신 해주어야 하는 상황이 더 자주 일어난다. 다음은 많은 부모가 힘을 써서 아이가 할 일을 대신 해주는 것이 맞는지 판단하기 어려워하는 여러 상황들이다.

◆ 정해진 시간이 지나면 텔레비전 시청이 끝난다는 것을 미리 예고했는데도 정작 텔레비전 전원을 끄면 아이들은 나에게 욕을

하고 때리거나 발로 차는 등 신체적인 공격을 한다. 그러면 나도 화가 나고, 똑같이 소리를 지르고 체벌을 하게 되는 악순환이 일어난다.

◆ 딸이 한꺼번에 간식을 너무 많이 먹는데 심할 때는 끝을 모르고 먹다가 결국 토하기까지 한다. 그럴 때마다 부모로서 어떻게 해야 할지 모르겠다.

◆ 아이가 잠자리에 들 때까지 같이 있어주는데, 잠들 때까지 보통 한 시간에서 한 시간 반 정도 걸린다. 아이가 도무지 잠을 자려고 하지 않고 계속 다른 오디오북을 틀고, 이야기를 하고, 침대에서 발을 휘두르며 이리저리 움직인다. 나도 나를 위한 시간이 필요한데 너무 힘들다.

◆ 아들이 열이 많이 나고 몸 상태가 정말 좋지 않았다. 아이는 몸이 아프니 울면서 소리를 지르는데, 그러면서도 절대 약을 먹으려 하지 않고 고집을 부려 감당하기가 너무 힘들다.

◆ 병원에서 손가락 채혈을 해야 하는데 아이가 한참 동안 소리를 지르면서 계속 거부하고 있었다. 결국에는 아이의 손가락을 꽉 잡고 채혈을 했는데, 그렇게 하는 것이 맞는지 지금도 잘 모르겠다. 나쁜 엄마가 된 것 같아서 마음이 괴롭다.

힘을 써서 아이를 보호하는 것처럼 힘을 써서 아이가 할 일을 대신 해주는 것도 아이 입장에서는 폭력일 수 있다. 이때는 그 상황이 모두 끝난 뒤 아이와 나의 마음이 다시 연결되기까지 아이의 마음에 공감해 주어야 한다.

아이에게 공감하는 상황에는 특히 비폭력 의사소통의 기본 원칙들이 매우 유용하다. 힘을 써서 아이를 보호하는 전략과 마찬가지로 힘을 써서 아이가 할 일을 대신 해주는 전략을 사용할 때도 성공의 열쇠는 '공감'이다. 우리 마음이 아이에 대한 공감으로 가득하면 아이를 상대로 힘을 쓰는 과정에서 일어나는 여러 갈등을 쉽게 극복할 수 있다. 어쩌면 아예 갈등이 일어나지 않게 할 수도 있다.

많은 부모가 힘을 써서 아이의 일을 대신 하는 전략을 방패 전략이나 힘을 써서 아이를 보호하는 전략보다 훨씬 더 어려워한다. 아마 지금 이 전략이 필요한지 바르게 판단하기 위해서는 훨씬 더 세심한 관찰과 경험이 필요하기 때문일 테다.

게다가 부모의 힘을 사용하는 전략을 쓸 때마다 많은 부모가 양심의 가책을 느낀다. '지금 이렇게 하는 게 괜찮나? 너무 과했나? 아니면 너무 소극적이었나?'라는 고민이 끊임없이 찾아오는 것이다. 아이를 보호하기 위해 힘을 쓸 때와 마찬가지로 아이의 할 일을 대신 해줄 때도 힘을 쓰는 그 순간에는 기분이 좋지 않을 수 있다. 어쨌든 그 순간의 행동만 놓고 보면 아이를 신체적으로 위협하고 부모가 가진 위력을 사용한 것이기 때문이다. 하지만 그 이후에 이어지는 행동 단계를 생각하면 이 전략들은 부모의 힘을 남용한 상황과는 전혀 다름을 알 수 있다. 어떤 상황에서는 아이의 욕구를 채워줄 유일한 방법이 부모가 힘을 써서 대신 해주는 것일 때도 있다. 이때 사용하는 부모의 힘은 반드시 필요하고 사용되어야 하는 것임을 명심하자.

힘을 써서 아이의 일을
대신 해줄 때는 언제인가

그러면 부모가 힘을 써서 아이가 할 일을 대신 하는 상황으로는 정확히 어떤 것이 있을까? 또 아이가 아직 자기 행동의 결과를 예측할 수 없어 부모의 도움을 받아야만 필수적인 욕구를 채울 수 있는 상황은 언제일까?

보통 이런 상황은 부모가 아이에게 무언가를 하라고 지시했음에도 아이가 거부하는 상황일 때가 많다. 그런데 잠깐, 여기서 아이가 '거부한다'고 생각하는 것은 이미 우리 스스로 아이의 행동을 마음대로 해석하는 것이다. 아이는 부모가 하라는 것을 거부하는 것이 아니라 그저 자기 자신을 위해, 자기 욕구를 채우기 위해 행동했을 뿐이다. 예를 들어 아이는 무언가를 해야 한다는 부모의 말에 놀고 싶거나, 스스로 결정하고 싶어서 싫다고 할 수 있다. 이때 아이는 부모의 말을 거부하는 것이 아니라 스스로 자신의 놀이, 즐거움, 자율성 욕구를 채우려고 행동하는 것이다. 즉, 아이의 행동이 부모의 말을 거부하는 것처럼 보이더라도 자세히 살펴보면 아이가 스스로를 돌보기 위한 행동일 수 있다.

아이는 그런 행동을 통해 부모에게 '내가 나를 돌볼 수 있도록 도와주세요! 내가 해낼 수 있도록 도와주세요!'라는 마음을 표현한다. 보통 아이들은 변화의 과정에서 혼자서 하기를 유독 어려워하는데 이 변화에는 아주 다양한 것들이 있을 수 있다. 예를 들어서 평소와는 상황 자체가 다르다거나, 다른 공간으로 이동해야 하거나, 평소에 하던 활동이 아니거나, 어떤 일을 끝내고 새로운 일을 시작하는 것이 모두 변화에 포함된다.

이와 같이 상황이 익숙하지 않거나 상황을 변화시켜야 하는 일을 할 때 아이가 스스로 하기 어려워하면 부모가 아이를 다른 곳으로 옮기거나 다른 일을 하도록 유도해서 지금 아이에게 필요한 것을 채우도록 도움을 줄 수 있다. 그리고 바로 이것이 힘을 써서 대신 하는 전략의 핵심이다.

그런데 부모가 힘을 써서 대신 하기 전, 일단 이 상황에서 내가 어른이자 보호자로서 아이의 어떤 욕구를 채워줘야 하는 걸까? 예시를 통해 더 자세히 살펴보자.

◆ 아이가 피곤해하면서도 잠을 자지 않고 계속 놀려고 한다.
  → 아이에게는 수면욕이 있고 아이가 잠자리에 들어 수면욕을 채우기 위해서는 부모의 개입이 필요하다.

◆ 밖에 눈이 많이 오고 추운데 아이가 외투를 입지 않으려고 한다.

→ 이때 부모는 신체적 건강에 대한 아이의 욕구를 살펴야 하며, 아이의 건강을 보호하는 것은 부모의 책임이다.

◆ 아이가 분노를 폭발시키며 의자를 던진다.

→ 아이의 신체적인 건강에 대한 욕구가 나타나기 때문에 부모의 개입과 보호가 필요하다.

◆ 정해진 시간이 지났는데도 아이가 텔레비전을 더 보려고 한다.

→ 신체적 건강에 대한 아이의 욕구를 살펴야 한다.

◆ 아이가 손톱을 깎지 않겠다고 말한다.

→ 손톱을 자르는 것은 긴 손톱 때문에 아이가 다치는 것을 막기 위한 것이므로 신체적 건강에 대한 아이의 욕구를 살펴야 한다.

◆ 아이가 젖은 기저귀를 갈지 않고 다른 방으로 가려고 한다.

→ 위생과 신체적 건강에 대한 아이의 욕구를 살펴야 한다.

◆ 아이가 손에 음식을 들고 온 집안을 돌아다니며 벽에 음식을 묻힌다.

→ 아이에게는 하면 안 되는 행동을 구분하는 선과 부모의 훈육이 필요하다.

◆ 아이가 슈퍼마켓 안에서 뛰어다니며 선반에서 물건을 빼낸다.

→ 역시 아이에게는 하면 안 되는 행동을 구분하는 선과 부모의 훈육이 필요하다.

◆ 아이가 자러 가지 않으려 하고 잠자리에 눕혀도 계속 다시 일어난다.

→ 아이에게는 수면이 필요하다.

부모는 기본적으로 아이의 신체적 건강, 수면, 위생과 같은 기본적인 욕구를 살피고 채워줄 책임이 있는 사람이다. 아이들은 아직 어떤 행동을 해도 되고 어떤 행동을 하면 안 되는지에 대한 선을 알지 못한다. 따라서 아이의 행동에 지도가 필요한 상황에서는 부모의 훈육이 필요하다. 부모가 개입해 아이의 욕구를 대신 채워주는 상황에서는 옳은 행동과 그렇지 않은 행동을 구분하는 것이 아주 중요하다. 부모가 힘을 쓰는 것이 결국 아이를 위한 일이라고 해도 아이 입장에서는 원하지 않는 신체적 개입이 일어난 것이기 때문이다.

부모가 힘을 써서 아이가 할 일을 대신 해주는 전략은 기본적으로 4단계로 이루어진다. 저녁을 먹고 잠들기 전까지 저녁 루틴을 지켜야 하는 상황을 예로 들어 각 단계에 필요한 행동과 마음가짐은 무엇인지 알아보자.

아이에게 필요한 일을 힘을 써서 대신 해주기 전략을 바르게 사용하기 위한 첫 번째 단계는 아이에게 부탁을 하는 것이다. 예를 들어 "우리 이제 욕실로 가자!"라고 말했을 때 아이가 욕실로 따라오면 아이가 부모의 말을 따르는 것이고, 그러면 아무런 갈등 없이 상황은 끝난다. 그런데 아이가 "싫어!"라고 말하거나 욕실로 가지 않고 계속 놀고 있다면, 이는 아이가 부모의 요구를 따라주지 않는 것이며 작은 갈등이 일어난 것이다.

이때 부모는 가장 먼저 지금 아이에게 필요한 것이 무엇인지 생각해 볼 수 있다. 지금은 아이의 수면욕을 채우는 것이 가장 중요한 일이다. 이제 저녁이 다 되었고, 아이는 피곤하며, 곧 잠자리에 들어야 하는 시간이다. 하지만 아이는 아직 어리기 때문에 이런 것까지는 생각하지 못한다. 이런 상황에서 부모가 가장 중요하게 여겨야 할 사항은 아이를 보살피고, 잘 살 수 있도록 도움을 주는 것이다.

이를 위해서는 아이의 행동을 잘 살피고 아이가 지금 자신의 어떤 욕구를 채우고 싶은 것인지 파악해야 한다. 아이가 계속 놀고 싶어 한다면 이는 놀이와 즐거움에 대한 욕구 때문일 것이다. 혹은 아이에게 자신이 언제 씻으러 갈지 스스로 결정하고 싶은 자율성 욕구가 있을 수도 있다.

만약 부모의 요청에 아이가 싫다고 하거나 반응을 보이지 않는다면 우선 아이와 스킨십을 하면서 눈높이를 맞추고 현재 해야 할 일을 상기시킨다. 놀고 있는 아이의 옆에 앉아 아이 어깨에 손을 올리는 식의 스킨십은 지금 내가 여기에 있고 너와 이야기하고 싶다는 신호를 보내는 것이다. 아이가 자기만의 세계에 완전히 빠져 있을 때는 멀리서 하는 말을 잘 듣지 못하기도 하므로 이런 신호를 통해 아이의 세계로 들어가 "안녕!"이라고 말을 걸어보자. 아이의 주의를 끄는 데 성공했다면 이제 아이의 감정을 따라가면서 아이의 마음에 공감하고 해야 할 일을 설명할 차례다.

"자동차를 가지고 놀고 있구나. 재밌게 놀았지?"
"응!"

"어떻게 노는지 한번 보여줘!"

"부르르르르릉! 끼익! 여기는 이제 도로야!"

"이런 자동차 놀이를 좋아하는구나?"

"응!"

"그렇구나. 그런데 이제 씻으러 갈 시간이야. 엄마 아빠랑 같이 씻으러 갈 준비가 됐니?"

"응!"

아이가 이렇게 잘 따라준다면야 아주 좋겠지만 현실에서 이런 일이 잘 일어나지 않는다는 사실을 이미 잘 알고 있을 테다. 그러니 아이가 놀고 있는 상황에서 씻으러 가는, 다른 상황이 되는 변화의 순간에 아이가 더 적극적으로 참여하도록 아이의 마음에 더 많이 공감하고 도움을 주고 싶다는 우리의 의지를 보여주어야 한다.

"엄마 아빠랑 같이 씻으러 갈 준비가 됐니?"

"싫어!"

"지금 너무 재밌어서 좀 더 놀고 싶구나?"

"응!"

"그렇구나. 네가 재밌게 놀고 있다니 너무 좋네! 그런데 엄마 아빠는 너를 돌봐야 하는 사람이고 이제는 씻으러 갈 시간이라고 정했어. 우리 어떻게 하면 놀면서 재밌게 욕실까지 씻으러 갈 수 있을까? 어떤 놀이를 하면 좋을지 생각해 볼래?"

"내 차들이랑 같이 갈래!"

아이가 이런 식으로 반응했다면 아이가 부모의 요청을 따르기 시작한 것이라고 볼 수 있다. 이러한 상황이라면 아이와 욕실까지 자동차 경주 놀이를 하면서 갈 수도 있다. 그리고 이 과정을 통해 아이는 '엄마 아빠는 내가 무엇을 해야 할지 안내해 주고 나를 돌봐주고 있어! 나는 안전해!'라는 사실을 깨닫고 신뢰와 안정감을 경험할 수 있다. 더불어 부모의 사랑을 경험하고 '나는 있는 그대로 사랑받을 자격이 있는 아이야!'라는 것을 느낀다.

부모가 힘을 써서 아이의 욕구를 대신 해주는 방법을 간단하게 정리하면 다음과 같다.

1. 아이가 부모의 요청을 거부하거나 행동을 통해 싫다는 의사를 보이면, 다시 한번 "이제 씻으러 가야지"라고 말한다. 그럼에도 아이가 거부하면 아이에게 다가간다.
2. 아이와 눈높이를 맞추고 무릎이나 어깨에 손을 올리는 등 가벼운 스킨십을 한다.
3. 아이가 지금 무엇을 하고 싶은지 이해하고, 말이나 행동으로 공감을 표현한다. 예를 들어 "아, 지금 자동차 놀이를 하고 있구나. 자동차를 가지고 노는 것이 재미있지?"와 같은 식으로 아이가 지금 원하는 것이 무엇인지를 찾아내려고 노력하고, 그에 공감하면서 함께 하도록 유도한다.

4. 부모로서 어떤 결정을 내렸는지 아이에게 분명히 전달한다. 아이가 함께 하도록 유도하기 위해 지금 필요한 것이 무엇인지를 발견하고, 그에 맞춰 아이와 함께 한다. 사랑을 담아 아이를 이끌고 아이에게 어떤 결정을 내렸는지 잘 알려준다.

이때 아이의 마음에 어느 정도로 공감할지는 부모가 직접 결정할 사항이다. 부모는 아이의 욕구를 살피고 그것을 채워주거나 아이가 스스로 채우도록 도움을 주는 사람이다. 하지만 경우에 따라서는 아이에게 공감보다는 훈육이나 선을 알려주는 것이 더 필요한 때도 있다. 부모는 상황에 따라 아이에게 필요한 것이 무엇인지 직감적으로 알 수 있다. 아이에게 충분히 공감을 해줬는데도 아이가 계속 "싫어!"라고 한다면 이제 진짜 힘을 써서 대신 해줘야 하는 때가 온 것이다. 아이에게 지금 이 일을 해야 한다는 말을 하면 할수록 아이의 욕구에 대한 책임은 점점 아이에게로 넘어간다. 하지만 명심하자. 우리 아이들에게는 아직 그 일을 수행할 능력이 없다. 그러니 부모가 충분한 공감과 함께 힘을 써서 개입하는 식으로 부모의 책임을 다해야 한다.

"이제 엄마 아빠가 너를 욕실로 데려가서 씻기기로 결정했어"라고 말한 다음 아이를 안아 들고 욕실로 데려갈 수도 있다. 그리고 아이를 안아 드는 바로 그 순간이 부모가 힘을 사용해 대신 하는 순간이다. 그 전까지 아이에게 충분히 공감했고, 부모에게 협조할 마음이 들도록 의지를 북돋아 주었다. 부모는 지금 아이가 씻으러 가지 않으면 나중에 어떻게 될지 알고 있기 때문이다. 지금 씻지 않아서 결국 늦게 잠자리에 든다면 아이는 수면욕을 충분히 채우지 못할 것이다. 따라서 부모는 아이가 수면욕을 채울 수 있도록 적극적으로 도움을 준다. 이것은 아이가 한 장소에서 다른 장소로 이동하는 것을 도와주는 것이자, 아이의 자율성 욕구보다 다른 필수적인 욕구를 먼저 채우려는 결정이다.

다만 이 상황에서 아이는 자율성 욕구를 채우지 못한 상황에 좌절하거나 짜증을 낼 수 있다. 하지만 자신의 행동이 어떤 결과로 이어질지를 예측하기에는 너무 어리기 때문에 부모가 러빙 리더십을 통해 함께 해주어야 한다. 아이가 좌절하거나 실망하는 반응을 보이면 침착함을 유지하면서 그 감정을 다루는 과정을 함께 해주자. 그렇지만 지금 내가 왜 이런 행동을 하는지 부모로서 아주 잘 인지하고 있기 때문에 아이의 일을 대신 해주기로 한 나의 결정을 바꿀 필요는 전혀 없다.

아이가 내 행동에 화를 내고 울음을 터뜨릴 수도 있다. 이때는 아이의 반응을 관찰해 방패 전략을 사용하면서 아이와 나를 비롯한 모든 것이 안전한 상태인지 확인한다. 또 아이에게 말을 건네기보다 비언어적 공감을 활용하고 아이와 눈을 맞추며 아이가 안정될 때까지 기다렸다가 부드럽게 쓰다듬어 스킨십을 시도한다. 아직 아이가 그 단계에 접어들 준비가 되지 않은 상태라면 아이가 스스로 감정을 받아들일 준비가 될 때까지 곁에 가만히 머무르면 된다. 아이와 약간의 거리를 두고 앉아 "괜찮아, 엄마 아빠는 계속 여기 있을게"라고 말하며 아이의 긴장이 풀려 곁을 허락하고 나의 말을 들을 준비가 충분히 되었다고 느껴질 때까지 기다리는 것이다. 우선 아이의 감정에 공간을 주고, 아이가 느끼는 모든 감정을 보고 들은 뒤 아이가 당장 채우고 싶어 하는 욕구를 채워줄 방법을 함께 찾아볼 수 있다.

나를 돌아보는 연습

일상생활 중 나와 아이 모두 어려움을 느끼는
상황 전환 상황은 언제인지 생각해 보자.
이때 아이가 더 잘 협조하게 하려면 무엇이 필요한지를
생각하고, 부족한 점을 채우기 위한 방법으로는
어떤 것이 있는지 고민해 보자.

상황 전환	아이가 원하는 것(욕구)	아이의 욕구를 채우도록 도와주는 방법(전략)
옷 입기	자율성 욕구	바지 두 개 중 입고 싶은 것을 직접 고르게 한다.
이 닦기	놀이와 재미에 대한 욕구	비행기 놀이를 하며 이를 닦는다.

힘을 써서 대신 해줘야 할 때
나는 어떻게 행동해야 할까

힘을 써서 대신 하기 전략을 실천하기 위한 공식은 간단하다. 다시 점검해 보면, 우선 아이에게 명확하게 요구를 한다. 아이가 따라주지 않는다면 스킨십과 공감으로 다시 한번 협조를 구한다. 그런데도 아이가 따르지 않으면 그때 힘을 써서 부모가 대신 한다.

다양한 사례를 통해 상황의 변화가 필요할 때 아이의 협조를 얻기 위해서는 무엇이 필요한지 알아볼 수 있다. 다음 두 가지 사례를 보면서 힘을 써서 대신 해주는 전략을 좀 더 자세히 알아보자.

아이가 약 먹기를 거부할 때

아이가 아픈데 약을 먹이려고 할 때마다 계속 "싫어!"라고 대답하며 약 먹기를 거부한다. 세 시간에 한 번씩 약을 복용하는 것은 아이의 신체 건강을 보호하기 위해 꼭 필요한 일이다. 하지만 아이는 약을 제때 먹지 않았을 때 자신의 건강에 어떤 영향이 있을지 예상할 수 없다. 반면 우리는 부모로서 아이가 약을 먹어야 하는 것을 분명히 알고 있다. 따라서 결정을 내려야 한다. 결정을 실행할 때 역시나 중요한 점은 러빙 리더십의 마음가짐을 유지해야 한다는 것이다. 바로 그때 아이와 나의 대화는 다음과 같이 이어질 수 있다.

"이제 약 먹을 시간이야."

"싫어, 아까 먹었잖아."

"약 먹기 진짜 싫지?"

"싫어. 우엑, 진짜 맛없어."

"약을 먹으면 혀에 이상한 기분이 들어?"

"응."

"이 약 맛을 안 좋아하는구나?"

"안 좋아."

"그런데 있잖아, 엄마 아빠는 네가 건강하도록 돌봐줄 책임이 있어. 그리고 다시 건강해지려면 이 약을 꼭 먹어야 하는데, 지금 약이 맛이 없어서 먹기 싫다고 하니까, 어떻게 하면 약을 먹을 수 있을지 같이 방법을 찾아봐야겠다. 그럴 준비가 됐어?"

"아니."

"사실 엄마 아빠는 지금 네가 약을 먹어야 한다고 결정했어. 네가 건강하도록 돌볼 책임이 있거든."

"싫어."

"그래, 아직도 약을 먹기 싫구나."

만약 대화가 이렇게 마무리되었다면 바로 지금이 힘을 써서 대신 해줄 때다. 우리는 이미 아이에게 공감하며 아이의 협조를 구하는 시도를 마쳤다. 특히 이 상황에서는 세 시간에 한 번씩 꼭 약을 먹어야 하는 시간제한이 있기 때문에 아이의 자율성 욕구나 놀이와 재미에 대한 욕구 같은 다른 욕구를 고려할 시간이 부족하다. 이 경우에는 부모가 확신을 가지고 아이에게 리더십을 보여줌으로써 아이가 부모를 따를 것이라는 믿음을 가지고 시도해야 한다.

그리고 "이제 네가 약을 쉽게 먹을 수 있도록 주사기에 약을 넣을 거야. 여기 앉아 편히 기대보자"라고 말하며 아이에게 한 번 더 기회를 준다. 하지만 아이가 스스로 앉는 상황은 거의 없기 때문에 힘을 주어 아이를 붙잡아야 할 수도 있다. 다만 이때는 아이를 사랑하는 마음으로 딱 약을 먹을 수 있을 정도의 힘으로만 붙잡아야 한다.

당연히 아이의 몸을 붙잡고 억지로 약을 먹이는 순간에는 기분이 안 좋을 수 있다. 하지만 부모인 우리는 아이의 건강을 위해 그렇게 해야 할 책임이 있음을 명심하자.

"이제 엄마 아빠가 주사기로 입에 약을 넣을 거야. 아까 말한 것처럼 엄마 아빠는 너의 건강을 소중히 지켜야 하거든. 그러니 이제 잘 삼키기만 하면 돼."

만약 아이가 약을 뱉거나 토하려고 하면 단호하지만 부드러운 태도로 손을 아이의 입 위에 가져다 대고 아이의 머리를 가볍게 뒤로 젖혀 아이가 약을 삼키도록 하자. 여기서 중요한 것은 약을 먹이고 난 다음에 아이의 마음에 공감하고 아이의 감정을 받아주는 것이다. 이때 아이가 느끼는 모든 감정은 결코 틀리지 않고 정당하다.

아이가 공감을 받을 준비가 되었다면 품에 안은 뒤 "약 먹는 걸 같이 해줘서 고마워"라고 고마움을 표현할 수도 있고, 속상함을 함께 표현할 수도 있다. 다만 이때도 부모의 행동이 아이의 건강을 위한 것이었음을 분명히 해야 한다. "지금 너를 꽉 잡아서 엄마 아빠도 속상해. 너를 항상 부드럽게 대하고 싶거든. 하지만 엄마 아빠는 네가 건강하도록 약을 먹여야 할 책임이 있어서 그랬어"라고 말하는 것이다. 부모는 아이의 감정에 공감하고 스킨십을 통해 방금 일어난 일이 아이에게 충격으로 남지 않도록 주의를 기울여야 한다.

다음에 약을 먹을 때도 비슷한 상황이 발생한다면 이 과정을 처음부터 다시 반복한다. 부모가 확신을 가지고 아이를 이끌어야 한다는 마음으로 행동하면 아이도 부모를 믿고 따르기가 훨씬 편안해진다.

만약 아이가 충분히 부모의 말을 따라주고 있다고 느껴지면 아이가 어느 정도는 스스로 해볼 수 있도록 자율성을 주어도 좋다. 예를 들어 "부엌에서 먹을래, 아니면 소파에서 먹을래?"라고 물어 약 먹는 공간을 아이 스스로 결정하게 할 수도 있다. 분위기를 좀 더 편안하게 만들기 위해 아이와 같이 노래를 부르거나, 얼굴을 잔뜩 찡그려 웃긴 표정을 짓거나, 마법 약에 대한 재미있는 이야기를 나눌 수도 있다. 아니면 놀이와 연결해서 아이가 자기만의 병원을 만들고 의사가 되어 인형들에게 약을 먹여 치료하는 놀이를 할 수도 있다.

아이가 벽에 음식을 묻히고 다닐 때

아이가 음식을 들고 온 집안을 돌아다니며 벽에 음식을 묻히고 있다. 이럴 때는 부모가 아이를 훈육하고 행동의 선을 분명히 알려주어야 한다.

우선 아이가 음식이 잔뜩 묻은 손으로 벽에 다가가는 모습을 잘 살펴보자. 아이는 자기 행동이 어떤 결과로 이어질지 예측할 수도 없고, 책임지고 벽을 다시 깨끗하게 만들어놓을 수도 없다. 그러니 이때는 부모가 사랑을 담은 마음으로 지켜보다가 개입하는 것이 맞다.

우선은 짧지만 분명하게 "그만, 손 떼!"라고 말한다. 그 이야기를 듣고도 아이가 말을 따르지 않는다면 이제 부모가 힘을 써서 대신 할 때다. 아이의 손을 꽉 잡고 벽에 갖다 대지 못하게 하는 것이다.

손을 붙잡힌 아이는 아마도 저항하려 할 것이다. 이때 아이가 발로 차거나 울음을 터뜨리는 등 저항하는 행동을 보이면 앞 장의 힘을 써서 보호하기에서 설명했던 것처럼 대처한다.

"여기에 손도장을 찍고 놀고 싶은 거지?"
"응!"
"그런데 집 벽은 깨끗하게 두어야 해. 엄마 아빠는 집을 깨끗하게 관리할 책임이 있거든. 그렇지만 손도장을 찍고 놀고 싶지?"

"응."

"그래, 그러자. 그런데 여기가 아니라 다른 곳에서 할 거야. 엄마 아빠랑 같이 세면대로 가서 물을 채우고 물에 손도장을 찍으면서 놀자."

그다음 아이와 세면대로 이동해 손도장 놀이를 함께 하면서 노래를 부를 수도 있다. 아니면 아이에게 벽이나 집을 더럽히지 않으면서 놀 수 있는 곳이 어디일지 생각하게 할 수도 있다. 어떤 방법을 사용할지는 아이의 나이와 발달 단계에 따라서 부모가 결정한다. 판단하기가 어려운 경우 먼저 아이에게 질문하고 그 반응을 살펴보면서 지금 이 제안이 아이에게 부담이 되는지 판단해 보자.

앞선 대화에서는 먼저 아이에게 벽에서 손을 떼라고 지시한 뒤 아이가 이에 따르지 않자 아이에게 공감하면서 직접 아이 손을 벽에서 떼어놓은 다음 세면대로 데려가 아이의 놀이와 즐거움에 대한 욕구를 채워주는 전략을 사용했다. 또 아이를 훈육하면서 손도장 찍기 놀이를 해도 되는 곳과 안 되는 곳을 분명하게 알려주었으며, 아이 행동의 틀을 분명하게 잡아주었다. 그리고 함께 손도장 찍기 놀이를 하면서도 노래를 하거나, 야생동물 놀이를 해서 발도장을 찍거나, 물웅덩이에서 노는 상황극을 통해 아이와 함께 즐겁게 놀면서 상황을 가볍고 편안하게 마무리했다.

힘을 써서 대신 해줘야 할 때
필요한 나의 마음가짐

힘을 써서 대신 해주는 전략은 어찌 되었든 아이를 상대로 부모의 완력을 사용하는 전략이기 때문에 특히 민감하고, 그만큼 전략에 임하는 부모의 마음가짐이 더욱 중요하다. 그러니 이 전략을 사용할 때마다 항상 마음속으로 다음과 같은 러빙 리더십의 기본 원칙을 떠올리는 것이 좋다. 그 누구도 일부러 나를 화나게 하려고 그러는 것이 아니며, 다른 사람들의 행동이 나에게 어떤 감정을 일으킬 수는 있지만 그 사람이나 행동이 내 감정의 원인은 아니라는 것이다.

그리고 이러한 러빙 리더십의 기본 원칙과 함께 기억할 것이 하나 더 있다. 이런 상황에서 아이가 자기가 원하는 대로 행동하려는 의지를 가지는 것은 괜찮지만, 지금 당장은 더 중요한 해야 할 일이 있기 때문에 그것을 들어줄 수 없다는 것을 명확히 해야 한다. 또 우리는 부모로서 대신 채워줘야 하는 아이의 욕구와 아이가 지금 원하는 욕구 사이에서 이 둘을 잘 조화시킬 방법을 생각해내야 한다. 아이들에게는 부모의 확신이 담긴 행동 방향이 필요하다. 동시에 아이가 아직 스스로 내릴 수 없는 결정에 대해서는 책임을 가지고 부모가 대신 결정을 내리고 이에 따라 행동해 아이에게 필요한 것을 채워줄 의무가 있음을 명심하자.

아이가 하기 싫어도 해야 하는 것을 이야기할 때는 질문보다는 분명한 지시를 내리는 것이 좋다. 이미 답이 정해져 있기 때문에 사실은 아이가 대답할 필요가 없는 말임에도 그 형태가 질문의 방식이면 아이는 그 말을 어떻게 받아들여야 할지 몰라서 혼란스러워진다. "지금 집에 갈까?", "우리 지금 유치원에 가는 거지?", "엄마 아빠는 지금 출근했다가 나중에 집에 올 거야, 맞지?" 이런 질문은 아이에게 결정권과 함께 책임을 넘겨주는 것과 같다. 사실 부모가 언제 출근하고 언제 집에 오는지, 아이가 오늘 유치원에 갈 건지, 간다면 언제 가는지를 결정하는 것은 아이가 아니라 부모다. 그런데 부모가 결정한 내용을 아이에게 지시가 아닌 질문으로 전달하면 아직 어린아이는 혼란스러워하거나 자기가 결정을 해야 할 것 같아서 부담을 느낄 수 있다. 종종 이런 질문에 아이가 짜증을 내고 폭력적인 성향을 보이기도 하는데 그건 아이가 질문에 답을 할 수가 없어서 부담을 느낀다는 뜻이다.

아이들에게는 부모의 결정을 함께 따를 마음이 있다. 따라서 아이들에게 필요한 것이 있다면 이를 부모가 분명하게 지시하면 된다. 이때는 질문의 형태가 아니라 다음과 같은 형태로 전달하자. "엄마 아빠는 지금 집에 가기로 결정했어", "엄마 아빠가 너를 유치원에 데려다줄 거야", "엄마 아빠는 이제 일을 하러 가서 4시에 집에 올 거야. 그때까지 할머니가 너를 돌봐주실 거야"

다만 러빙 리더십에서는 힘을 써서 대신 하는 전략을 최대한 적게 사용하려고 한다. 아이가 부모의 결정을 잘 따르도록 하려면 부모가 분명하게 지시를 내리고 사랑으로 잘 이끌어주는 것이 맞다. 사랑을 담아 아이를 이끄는 것은 아이에게 어떻게 행동해야 하는지에 대한 방향이 필요하다는 것을 알고, 구체적인 지시를 통해 아이가 잘 따를 수 있도록 해주는 것이다.

아이가 잘 이해할 수 있는 분명하면서도 사랑을 담은 지시와 함께라면 행동의 방향과 안정감에 대한 아이의 욕구 또한 채울 수 있다. 자기가 어떻게 행동해야 할지를 알면 아이는 지금 내가 어디로 가야하는지, 앞으로 어떤 일이 일어날지 예상할 수 있다. 이런 안정감을 바탕으로 부모의 결정 역시 편안하게 따를 수 있다. 아이가 자발적으로 부모의 결정을 따르기 위해서는 지금 어떤 일이 일어나고 있는지, 내가 이렇게 해도 안전한 것인지를 아이가 알고 있어야 한다.

상담 사례 ···

이제 네 살이 된 크리스티안의 딸은 날씨에 맞는 옷 입기를 거부하곤 한다. 이미 겨울 내내 감기를 달고 사는 수준이지만 집에서

는 아예 아무 옷도 입지 않으려 하는 수준에 이르렀다. 외출할 때
도 마찬가지라 옷을 입히려다 예정 시간보다 한 시간 이상 늦게
나가는 일도 많다. 억지로 옷을 입혀도 곧바로 벗어버리기 때문이
다.

이 사례에서 크리스티안의 마음을 살펴보자. 앞에서 이야기했던
것처럼 힘을 써서 대신 해주는 전략은 아이에게 힘을 써서 강제로 하
게 하는 것과는 다르다. 즉, 힘을 써서 대신 해주는 전략은 아이에게
날씨에 맞는 옷을 억지로 입히는 데 목적이 있지 않다. 이 상황에서
는 아이에게 옷을 입히는 것보다 크리스티안이 자기 행동에 확신을
가지는 일이 훨씬 더 중요하다.

일단 왜 외출을 해야 하는가? 크리스티안이 책임져야 하는 어떤
일정이 있는 걸까? 아니면 아이가 몸을 움직이고 운동을 할 필요가
있어서 아이의 건강을 돌보려고 나가는 것일까? 외출을 하지 않고
집에 있으면 사실 더 편할 텐데 나가지 않는다는 선택지는 아예 없
었던 걸까? 아니면 크리스티안이 외출하자고 말을 이미 했기 때문에
이를 지키려고 하는 것일까?

여기서 중요한 것은 외출이 크리스티안의 책임이라는 것이다. 외
출할 것인지 집에 머물 것인지를 결정하는 것은 딸이 아니라 크리스
티안이다. 크리스티안이 외출을 하겠다고 결정을 내렸고, 딸이 겨울
내내 감기를 달고 있다는 것을 알고 있다면, 아이에게 날씨에 맞는
옷을 입힐 책임은 자동으로 크리스티안에게 있다. 부모로서 아이의

신체적인 건강을 보살필 의무가 있기 때문이다.

게다가 딸은 옷을 제대로 입지 않으면 감기에 걸린다는 사실을 모른다. 따라서 크리스티안이 가장 먼저 해야 할 일은 아이에게 요청하는 것이다. 크리스티안은 자신이 왜 아이에게 옷을 입으라고 하는지, 부모로서 자신에게 어떤 책임이 있는지도 잘 알고 있다. 그렇기 때문에 아이에게 질문하는 것이 아니라 분명하게 지시를 내릴 수 있다. "우리 이제 외출해야 해. 밖은 추우니까 두꺼운 외투를 입어야 한단다"

크리스티안은 외투를 내려놓고 딸의 곁에서 기다린다. 이 두 가지 모두 아이가 크리스티안의 말에 협조하도록 유도하는 행동이다. 가끔은 아이에게 분명하게 지시를 내리는 것만으로도 아이가 더 협조적으로 나올 때도 있다. 하지만 거의 대부분의 경우 아이가 입지 않겠다고 할 것을 크리스티안은 이미 알고 있다.

부모가 지시를 내렸는데도 아이가 거부하면 이제 다음 단계로 넘어갈 차례다. 딸의 눈높이에 맞게 몸을 숙이고 어깨를 쓰다듬으면서 아이와 눈을 맞추는 것이다. 이 세 단계의 행동 전략은 아이가 부모의 말에 집중하게 만들고 애착을 강화하는 데 도움이 된다. 이러한 단계를 거치고 나면 크리스티안의 딸은 공감을 받아들일 준비가 어느 정도 된다.

그렇다면 이제 크리스티안이 할 일은 딸의 "싫어!"라는 말 뒤에 무엇이 숨어 있는지를 알아내는 것이다. 싫다는 말은 다른 것이 좋다는 말이기도 하다. 크리스티안의 딸은 자율성 욕구가 있어 외투를 입을지 말지를 스스로 결정하고 싶을 수 있다. 아니면 편안함에 대한 욕구가 있어서 불편하게 느껴지는 옷을 입지 않으려는 것일 수도 있다. 집에 있으면 따뜻하고 아늑하기 때문에 그냥 집에서 놀고 싶어서일 수도 있는데, 이는 아이에게 안정감이나 놀이와 재미에 대한 욕구가 있다는 것이다.

자, 이제는 크리스티안이 아이의 마음에 공감하면서 아이가 지금 바로 원하는 것이 무엇인지 확인할 차례다.

"외투를 입지 않을 때가 제일 좋은 거지?"

"응!"

"외투를 입을지 말지 네가 스스로 결정하고 싶은 거야?"

"응!"

"그렇구나, 그러면 아빠가 외투를 입자고 했을 때 네가 싫다고 한 건 외투를 입을 건지, 그리고 입는다면 언제 입을지 결정하고 싶다는 말이구나?"

"응!"

이렇게 말한다면 아이에게는 지금 자율성 욕구가 있고, 아이는 이런 자신의 욕구를 채우려고 노력하고 있는 것이다. 크리스티안은 부모로서 자신의 행동에 대한 확신과 책임감을 가지고 사랑과 함께 아이를 지도해야 한다. 그래야 평화로운 외출이 가능하다. 아이가 외투를 입는 문제는 부모인 크리스티안이 결정한다. 다만 크리스티안은 아이의 자율성 욕구를 채워줄 방법을 아이와 함께 찾을 수 있다.

"아빠는 우리가 지금 함께 외출을 하고, 그러려면 네가 외투를 입어야 한다고 결정했어. 너도 같이 결정할 수 있는 것이 뭐가 있을지 생각해 볼래?"

"응!"

"아빠가 생각이 하나 있는데, 들어볼래?"

"응."

"파란색 모자를 쓸 건지, 아니면 노란색 모자를 쓸 건지 네가 직접 결정해 볼래?"

"노란색!"

크리스티안이 아이의 자율성 욕구를 알아보고 채워주었기 때문에 아이가 잘 따라준다면 힘을 써서 대신 해줄 필요도 없다. 그러면 크리스티안은 아이에게 더 쉽게 외투를 입히고, 아이는 자기가 쓸 모자 색깔을 직접 결정할 수 있다.

물론 언제나 일이 이렇게 수월하게 해결되는 것은 아니다. 아무리 아이의 마음에 공감하고 아이의 욕구를 잘 살펴도 아이가 격렬한 거부 반응을 보일 수도 있다. 이때는 앞 장에서 살펴본 대로 아이의 행동에 맞춰 반응할 수 있다. 아이가 외투를 불편하다고 느끼고, 편안함에 대한 욕구가 있어 두꺼운 옷을 거부하는 거라면 이렇게 이야기해 볼 수 있다.

"외투가 진짜 싫은 거지?"

"응."

"그렇구나, 그러면 아빠가 외투를 입자고 했을 때 네가 싫다고 한 건 그 옷이 불편해서 그런 거야?"

"응."

"외투를 입었을 때 어디가 불편한지 아빠한테 한번 보여줄래?"

아이가 외투를 불편해하는 것을 알았으니 크리스티안은 어떻게 하면 이 문제를 해결할 수 있을지 생각해야 한다. 날씨에 알맞은 따뜻한 옷차림이면서도 딸이 옷을 입었을 때 더 편안하게 느낄 방법이 무엇일지 생각하는 것이다. 외투에 달린 옷깃을 자르거나 손목에 달린 밴드를 떼어내는 식으로 옷을 조금 수선해 볼 수도 있다.

아이가 불편함을 느끼는 부분을 알아내 문제를 해결하면 편안함에 대한 아이의 욕구가 채워지기 때문에 아이도 외투를 입을 준비를 수월하게 마칠 수 있다. 아이가 자신이 원하는 것을 부모가 알아봐 주고 보살펴 주었다는 것을 느꼈고 문제가 해결되었기 때문이다. 이 경우에도 부모가 아이의 행동을 힘을 써서 대신 해줄 필요가 없다.

그런데 만약 아이가 불편하다고 느끼는 부분을 수선할 수 없거나 다른 해결 방법이 없는 경우에는 어떻게 해야 할까? 가장 중요한 것은 크리스티안이 아이를 사랑하는 마음으로 이끈다는 마음가짐을 유지하는 것이다. 외출을 할 것이고 아이는 외투를 입어야 한다는 결정에도 변함이 없다. 이때는 가장 먼저 더 편안한 겨울옷을 마련해서 아이를 보살피려는 부모의 욕구와 편안함에 대한 아이의 욕구를 동시에 채울 수 있도록 한다. 다만 지금 당장은 편한 겨울옷을 새로 구할 수 없는 상황이고 그럼에도 외투를 입고 외출을 해야 하니, 힘을 써서 아이에게 외투를 대신 입혀야 한다.

만약 아이에게 안정감과 놀이와 재미에 대한 욕구가 있다고 느껴진다면 다음과 같이 이야기해 볼 수 있다.

"그래, 지금 외투를 입기 싫은 거구나. 네가 지금 이 옷을 입기 싫은 건 집에 있고 싶어서 그런 거야?"

"응!"

"그래, 집에 있고 싶구나. 집이 따뜻하고 편안해서 / 집에서 동물들이랑 재밌게 놀고 싶어서 그런 거니?"

"응!"

"그런데 아빠는 지금 우리가 외출을 하고, 또 밖에 나가기 위해서 네가 외투를 입어야 한다고 결정했어. 밖에서도 네가 따뜻하고 편안하게 있으려면 / 계속 재미있게 놀려면 어떻게 할 수 있을지 생각해 볼까?"

"아니."

"아빠가 생각이 하나 있는데, 들어볼래?"

"응!"

그 방법은 아이가 직접 생각할 수도 있고, 부모와 함께 찾아볼 수도 있다. 아이가 아직 유아차에 탈 수 있는 나이라면 유아차에 편안하게 태우는 것도 하나의 방법이다. 아니면 평소에 자주 가지고 노는 장난감이나 자전거를 가지고 가서 밖에서 놀 수도 있다. 또는 외투를 제트기 조종사의 제복이라고 가정해 제트기 조종사 놀이를 하면서 밖으로 나갈 수도 있다. 여기서도 크리스티안은 아이를 사랑하는 마음으로 이끈다는 마음가짐을 바탕으로 행동해야 하며, 이때는 힘을 써서 대신 해줄 필요가 없다.

이제 크리스티안은 지금 아이에게 필요한 것이 무엇인지, 어떻게 해야 아이가 따라주는지를 알았다. 크리스티안은 부모의 리더십을 유지하면서 문제를 해결할 방법을 아이와 함께 찾은 것이다. 하지만 아이에게 충분히 공감해 주었는데도 아이가 자발적으로 따라주지 않는다면 이제 힘을 써서 대신 해주어야 할 차례다. 이때 중요한 것은 크리스티안이 아이의 마음에 공감하고 아이를 사랑하는 마음으로 행동한다는 것, 지금 힘을 써서 아이가 할 일을 대신 해주는 이유를 분명히 아는 것이다. 즉, 아이가 외투를 입을 것인지, 언제 외출할 것인지, 집에 더 오래 있을지를 결정하는 것은 부모인 크리스티안의 몫임을 분명히 안다.

"아빠는 우리가 지금 외출하기로 결정했어. 그리고 아빠는 네 건강을 위해 외투를 입힐 거야."

외출을 하기로 결정한 이유를 아이에게 지금 설명할 필요는 없다. 그 설명이 오히려 아이에게 부담을 줄 수 있기 때문이다. 중요한 것은 크리스티안 스스로 자신이 왜 그런 결정을 내렸는지를 분명하게 알고 있는 것이다. 그 결정을 내린 이유는 아이가 몸을 움직이고 운동을 해야 한다거나, 신선한 바깥 공기를 마셔야 한다는 것처럼 아이의 기본적인 욕구를 채워주기 위한 것일 수도 있다. 물론 외출하기로 결정한 이유가 특별히 아이의 기본 욕구를 채우기 위한 것이 아니었고, 따라서 아이가 강하게 거부한다면 집에 머무르기로 마음을 바꿀 수도 있다. 이것은 언제든 의견을 바꿀 수 있다는 비폭력 의사소통의 기본 원칙을 따르는 것이다.

힘을 써서 대신 해주기
전략을 실천해 보자

다시 크리스티안이 아이에게 외투를 입히는 상황으로 돌아가 보자. 힘을 써서 대신 해주는 순간에는 항상 기분이 좋지 않다. 이를 피할 수 있는 대안은 집에 머무르는 것인데, 이는 근본적인 해결책이 될 수 없다. 몸을 움직이고 운동하려는 아이의 욕구와 아이의 이런 욕구를 보살피려는 크리스티안의 욕구를 채우지 못하기 때문일 수 있고, 아니면 크리스티안이 특별한 활동을 위해 예약한 시간이나 약속을 놓쳐 신뢰에 대한 욕구를 채우지 못하기 때문일 수도 있다. 그렇다고 추운 겨울에 따뜻한 옷을 입지 않고 밖으로 나가는 것은 아이의 건강을 해칠 가능성이 크다.

크리스티안이 자신에게 어떤 욕구가 있는지를 잘 파악하고 그것을 채우기 위해 노력해야 하는 것은 맞지만 그렇다고 그 원칙을 반드시 고집할 필요는 없다. 힘을 써서 아이에게 대신 옷을 입히는 것을 선택한 경우 아이가 이를 거부할 가능성이 높은데, 이때는 아이가 분노를 다스리는 과정을 사랑과 공감으로 함께하고 그 뒤에 아이가 지금 가진 욕구를 채워줄 방법을 생각해야 한다. 하지만 이때도 크리스티안은 언제든 밖에 나가겠다는 결정을 바꾸고 집에 머물 수 있다. 이렇게 의견을 바꾸더라도 부모로서 아이를 이끌고 책임을 진다는 마음가짐과 아이가 아닌 부모가 결정을 내린다는 사실은 변하지 않는다. 만약 크리스티안의 딸이 네 살이 아니라 열 살 정도라면 아이와 대화를 나누며 왜 따뜻한 옷을 입어야 하는지 이야기하고, 아이가 직접 추위를 경험한 뒤 두 사람 모두 동의하는 방법을 함께 찾아볼 수 있다. 앞서 아이가 커갈수록 힘을 써서 대신 해주기 전략을 사용하는 빈도가 줄어든다는 말이 이런 뜻이다.

지금까지 힘을 써서 대신 해주는 전략에 대해 상세히 설명하고, 다양한 방법을 제시했다. 아이가 자발적으로 협조하도록 만들어서 상황을 해결해야 한다고 하니 너무 많은 시간이 걸리는 것은 아닌지 걱정될 수도 있다. 하지만 부모가 확신을 가지고 행동하면 연습을 통해 몇 분 안에 상황을 정리할 수 있으니 너무 겁먹을 필요 없다. 다시 말하지만 아이가 어릴수록 질문의 방식보다는 짧고 분명하게 지시를 내려 아이의 행동 방향을 알려주는 편이 더 효과적이다.

"엄마 아빠는 이제 널 데리고 갈 거야. 왜냐면 엄마 아빠는 너의 보호자거든."

"우리 이제 이렇게 할 거야."

"우리는 너의 엄마 아빠니까 너를 위해 이런 결정을 내릴 거야."

"지금 엄마 아빠가 네 생각에 동의하지 않는 이유는 우리가 너를 돌보기 위해서야."

"엄마 아빠는 너의 안전을 위해 너를 붙잡고 있는 거야."

지시를 내릴 때 중요한 것은 말하는 톤과, 다시 한번 강조하지만 부모의 마음가짐이다. 내가 바라는 것을 아이가 함께할 수 있도록 초대한다고 생각하자. 그다음으로 내 아이가 해낼 수 있도록 도와주고, 잘할 수 있도록 방향을 알려주는 데 최선을 다하면 아이도 더 잘 이해할 수 있다.

아이에게 너무 많은 질문으로 부담을 주지 않게끔 연습해 보자. 마음속에 떠오르는 질문을 적어보고, 그 질문을 가벼운 지시로 바꿔보자.

이런 말은 하지 마세요	이렇게 말하세요
신발 신을 거지?	여기 네 신발이야. 신어보렴.
뭐 마실래?	네 물 여기 있어. 한 모금 마시렴.
오늘 동물원에 가고 싶어, 아니면 수영장에 가고 싶어?	우리 오늘 동물원에 갈 거야.
여기 앉아 있어볼래?	가만히 앉아 있으렴!

아이에게 지시를 내릴 때 서커스 단장이 되었다고 생각해 보는 것도 좋다. 단장인 우리가 누가 어디서 무얼 해야 하는지 지시하는 것이다. 서커스는 즐겁고 재미있는 일이고, 지시를 내리는 것이 나의 일이니 명령을 내릴 때도 더 즐겁고 친절하게 이야기할 수 있다. "자, 그럼 이제 옷 입기 쇼를 시작합니다! 팬티를 입어요, 좋아요! 그 다음은 양말! 만세!"라고 하며 즐거운 놀이로 여기는 것이다. 그럼 아이도 더욱 즐겁게 느낄 수 있다. 아이는 언제나 자유롭게 행동하고 스스로 선택하거나 부모와 함께 결정을 내리길 바란다.

부모인 우리는 어린 시절에 스스로 결정을 내릴 수 없었거나, 결정 과정에 참여할 수 없었거나, 나의 욕구를 부모님이 신경 쓰지 않았거나, 언제나 부모님이 하자는 대로 따라야 했을 수도 있다. 이런 아이였던 부모는 자신의 경험에 비추어 아이에게 지시를 내리는 것 자체를 불편하게 느낄 수도 있다.

하지만 그때와 지금은 다르다. 무엇보다도 우리는 지시를 내릴 때 아이의 욕구를 아주 중요하게 생각한다. 아이에게는 자율성이나 공감 외에도 자기가 행동해야 하는 방향을 알려는 욕구가 있음을 기억하자. 그리고 이를 채워주는 것이 아이가 자발적으로 협조하도록 만드는 열쇠다. 아이가 계속 부모의 지시를 따르지 않는다면 그 지시가 부모가 책임지고 챙겨야 하는 욕구(행동할 방향, 안전, 자율성 등)에 대한 지시인지, 아니면 아이와 합의해 볼 수 있는 다른 욕구에 대한 지시인지를 생각해 보자.

지금부터 연습을 통해 아이에게 더 현명하게 지시하는 방법을 배워보자. 내가 일상 속에서 아이에게 하는 질문은 어떤 것이 있을까? 이를 앞서 배운 현명한 지시로 변경할 수 있을까?

일상에서 아이에게 하는 질문	가능한 지시

내가 아이에게 하는 지시나 명령 대신 아이의 욕구와 나의 욕구를 함께 충족할 수 있는 타협으로는 무엇이 있을까? 아래 예시를 살펴보며 나의 일상생활에도 적용해 보자.

명령	타협할 수 있을까?
"여기 네 신발이야. 신어보렴."	"싫어!" 상황과 아이의 욕구에 따라서 타협할 것인지 결정할 수 있다. 아이가 다른 신발을 신도록 하거나 자유롭게 맨발로 다니게 해주어서 자율성 욕구를 채워주거나, 아니면 재미있는 동작으로 아이에게 신발을 신겨주고, 신발을 신을 때 우스꽝스러운 표정을 짓거나 웃긴 말을 해서 놀이와 재미에 대한 욕구를 채워줄 수도 있다.

"네 물 여기 있어. 한 모금 마시렴."	"싫어!", 아이가 지금 목이 마르지 않다는 것이 분명하면 아이와 타협할 수 있다. 지금이 아니라 나중에 다시 아이에게 물을 마시라고 하는 것이다. 그런데 아이가 목이 마른데도 물을 마시지 않겠다고 하면, 아이의 욕구를 고려해 다른 방식으로 마시도록 할 수 있다. 예를 들어 "컵으로 마실래, 아니면 물병으로 마실래?"라며 아이가 직접 물을 마시는 방법을 선택하게 해서 자율성 욕구를 채워주거나, "봐봐, 빨대로 물을 마신 다음에 거품을 만들 수 있다?"라고 놀이와 재미에 대한 욕구를 채워줄 수 있다.
"우리 오늘 동물원에 갈 거야."	"싫어, 수영장 가고 싶어!", "그래, 그렇게 하자." 수영장은 이미 우리가 생각했던 선택지 중 하나였고, 아이가 두 가지 제안 중 하나를 선택해야 한다는 것에 혼란스럽지 않도록 동물원을 제안한 것이었다. 그렇기 때문에 이 경우에는 아이와 타협할 수 있다.
"가만히 앉아 있으렴!"	"싫어!" 이때 아이에게 가만히 앉아 있으라고 한 것은 아이의 신체적인 건강이나 안전을 보호하기 위한 것이기 때문에, 아이의 나이에 따라 힘을 써서 대신 해줄 필요가 있다.

🌱 날개를 달아주는 말

나는 아이를 위해 대신 결정을 내리면서도
아이의 의지를 꺾지 않는다.
나는 아이가 자신의 욕구를 채울 수 있도록
돕기 위해 대신 결정을 내린다.
나는 내 아이에게 무엇이 필요한지를 알고
그에 따라 행동한다.

이 중 가장 공감되는 말을 종이에 써서 집안 잘 보이는 곳에 붙여
두자. 그리고 그 곳을 지나갈 때마다 소리를 내 읽으며 내 것으로 만
드는 연습을 하자.

아이를 보호하기 위해 힘을 사용한다는 것은 알지만, 부모로서 아
이에게 힘을 쓰는 상황에 마음이 좋을 리는 당연히 없다. 그렇기 때
문에 내가 힘을 써서 아이를 보호해야 하는 이유를 생각하면서 나의
마음에도 공감해야 한다.

힘을 써야 했을 때 놀란 아이를 진정시키고 다시 두 사람의 마음
이 연결될 수 있도록 둘만의 의식을 만드는 것도 도움이 된다. 평소
에 아이와 함께 자주 부르는 노래나 어릴 적 자주 불렀던 동요를 하
나 선택해 아이를 무릎에 앉힌 채 함께 부르며 더 깊은 애착을 느껴
보자. 동요의 노랫말을 '나는 사랑받고 있어요'나 '나는 안전해요' 같

은 힘을 주는 주문으로 바꿔 부르는 것도 가능하다. 힘을 주는 주문은 '나는'이라는 말로 시작하며 아이가 꼭 따라 부르지 않더라도 부모가 해주는 것만으로도 충분하다.

'힘을 써서 보호하기'와
'힘을 써서 대신 하기' 전략 함께 사용하기

앞에서 소개한 '힘을 써서 대신 하기'와 '힘을 써서 보호하기' 전략은 동시에 사용해야 하는 경우가 정말 많다. 위험한 상황에서 아이를 보호하기 위해 힘을 쓴 다음, 아이가 그 상황에서 벗어나도록 부모가 도움을 주는 일이 자주 발생하기 때문이다.

아이가 도로로 달려간다면 힘을 써서 아이를 붙잡아 도로로 넘어가지 못하게 해서 안전을 확보한다. 이로써 일차적인 위험에서는 벗어났다. 그런데 손을 놓는 순간 아이가 바로 다시 도로로 달려갈 것 같다는 느낌이 들면 힘을 써서 보호하는 전략에서 힘을 써서 대신 해주는 전략으로 자연스럽게 넘어가야 한다. 즉, 아이를 들어서 다른 곳으로 데려가거나 아이의 안전을 위해 필요한 만큼 오래 꽉 붙들어 위험한 상황에서 벗어나게 만드는 것이다. 이런 식으로 힘을 써서 아이를 보호하는 전략과 힘을 써서 신체적으로 개입하는 전략을 함께 사용해 아직 자기 행동의 결과를 예측할 수 없는 아이를 안전하게 보호할 수 있다.

다음은 '힘을 써서 보호하기' 전략과 '힘을 써서 대신 하기' 전략을 함께 사용하는 상황에 대한 예시다.

◆ 아이가 자전거를 타고 도로로 달려가는 상황

→ (힘을 써서 보호하기) 아이의 팔을 잡는다.

→ (힘을 써서 대신 하기) 아이를 잡은 손을 놓자마자 아이가 바로 다시 도로로 달려갈 것 같다는 느낌이 들면, 아이의 손에서 자전거를 빼앗는다.

◆ 아이가 나를 때리거나, 밀치거나, 소리를 지르거나, 무는 상황

→ (힘을 써서 보호하기) 우선 아이의 손을 잡아 때리지 못하게 한다거나, 머리를 잡아 돌려 물지 못하게 하는 식으로 아이의 신체적인 공격을 막는다.

→ (힘을 써서 대신 하기) 그다음에는 아이를 안아 다른 장소로 옮겨서 이 상황에서 벗어나게 한다.

◆ 아이가 물건을 부수거나, 던지거나, 음식을 던지는 상황

→ (힘을 써서 보호하기) 아이가 던지려고 하는 물건이나 음식을 손에서 빼앗는다.

→ (힘을 써서 대신 하기) 아이가 던질 만한 다른 물건을 찾고 있다고 느껴지면, 아이를 안아서 인형처럼 아이가 던져도 되는 물건만 있는 안전한 장소로 옮기거나, 다른 사람이나 사물이 다치거나 망가지지 않고 안전하도록 필요한 만큼 오랫동안 아이를 잡고 있는다.

앞에서 이 두 가지 전략을 설명할 때 이미 이야기했던 것처럼, 어쨌든 아이를 상대로 힘을 쓰는 상황에서는 아무리 아이를 위한 일이어도 결코 기분이 좋을 수가 없다. 힘을 써야 하는 두 가지 전략을 동시에 쓰는 경우에는 상황이 더 오래 지속되므로 불편한 기분이 더 강해진다. 이런 불편한 감정을 견디는 것은 부모로서 많은 힘과 에너지가 드는 일인데, 특히 어릴 때 부모가 힘을 남용해 무력감을 느꼈던 경험이 있는 경우라면 더욱 쉽지 않다. 따라서 지금 나의 행동이 우리 아이를 안전하게 보호하기 위한 것임을 항상 기억하고 행동하는 것이 중요하다.

더불어 아이와 서로 비난하고 화를 내는 것이 아니라, 아이와 나의 모든 생각과 감정에 공감하는 태도로 행동하는 것이 이런 상황에서 매우 도움이 된다. 지금은 상황이 좋지 않지만 그래도 기분 나빠하는 것이 아니라 서로 최선을 다하고, 배려하고, 돌보는 것임을 기억하자.

상담 사례 ●●

이제 막 일곱 살이 된 에바의 딸은 세 살 동생과 놀이를 할 때 자기 힘의 세기를 잘 몰라 발을 휘둘러 동생을 차거나, 너무 꽉 껴안아서 동생의 목을 누르곤 한다. 아무리 동생이 싫다고 말하거나 울어도 놓아주지 않기 때문에 이때는 힘을 써서 둘을 억지로 떼어놓을 수밖에 없다. 물론 이때도 에바는 계속해서 딸아이에게 차분하게 힘을 빼라고 말하지만, 에바 역시 기분이 정말 좋지 않다. 딸을 떼어놓고 난 다음에는 일단 아들을 먼저 달래주는데, 이런 상황에서 어떻게 두 아이를 공평하게 대할 수 있을지 역시 고민이다.

이 상황 역시 에바의 마음가짐을 먼저 살펴보아야 한다. 에바는 힘으로 아이를 보호하는 전략과 힘으로 아이의 욕구를 대신 채워주는 전략을 함께 사용했다. 이때 에바는 어떤 감정을 느꼈고, 에바의 어떤 욕구가 채워지지 않았는지 자세히 살펴봐야 한다. 그다음 에바 스스로 자신의 마음에 공감해 줄 방법을 생각해 보자. 에바가 어렸을 적 이와 비슷한 상황에서 느꼈던 감정과 당시에 채워지지 못한 욕구가 되살아나 지금 이 상황을 실제보다 더 위협적으로 받아들일 수 있기 때문에 에바의 내면아이를 함께 알아보는 것이다.

에바는 아들의 신체 건강이 위협받고 있고, 아이를 보호할 책임이 자신에게 있음을 잘 알고 있다. 그럼에도 부모가 힘을 써서 개입하는 두 가지 전략을 동시에 사용할 때마다 마음이 불편하다. 에바는 이 전략을 사용하는 것이 사실상 딸에게 폭력을 쓰는 것과 같다고 생각한다. 게다가 지금 내가 잘하고 있는 것인지에 대한 확신이 없어 이 상황이 부담스럽고 어떻게 해야 할지 몰라 자기효능감도 떨어진다. 딸과의 애착을 중요하게 생각하기 때문에 훈육이 불편한 마음도 있다. 어쩌면 딸이 그런 행동을 하는 이유를 이해하지 못해 이해에 대한 욕구가 채워지지 않아 슬픈 감정이 드는 것일 수도 있다. 두 아이를 공평하게 대하고 싶지만 그럴 수 없어 실망스럽기도 하다. 이 경우에는 돌봄 욕구가 채워지지 못한 것이다.

에바가 이 복잡한 자신의 상황에서 어떻게 행동해야 하는지를 알려면 먼저 딸이 행동을 통해 무슨 말을 하려는지를 살펴봐야 한다. 그러한 이해를 바탕으로 할 때만이 장기적인 관점에서 이런 상황을 피하기 위한 해결책을 찾아낼 수 있다.

먼저, 에바는 두 아이를 동시에 공평하게 대할 수 있는 방법이 없다는 것을 받아들여야 한다. 이렇게 아이들이 싸우고 갈등을 겪는 상황에서 그것은 불가능하다. 이때는 아이들의 안전과 신체적·정서적 건강의 관점에서 두 아이 중 누가 더 많은 도움이 필요한지를 살펴야 한다. 지금 이 상황에서 도움이 더 필요한 아이는 명백히 동생이다. 동생은 누나의 행동에 놀랐기 때문에 일단 아이를 안아 들어 진정시킨다. 그다음에 딸에게로 향해야 한다.

또한 에바는 이 상황에서 자신이 아들을 보호하는 동시에 딸이 스스로를 돌볼 수 있도록 도와 주고 있다는 것을 항상 기억하고 행동해야 한다. 딸에게 힘을 써서 개입할 때 '그러면 안 돼', '너는 나쁜 아이야', '너 일부러 그랬지?'라는 태도라면 이는 러빙 리더십이 아니라 부모가 가진 권한을 남용하는 것일 뿐이다.

아무리 에바가 딸 역시 지금 도움이 필요하고, 그러한 행동을 통해 자기 상태나 원하는 것을 이야기한다는 것을 알고 있더라도 이 상황은 신체적 개입이 필요한 상황이다. 러빙 리더십의 기본 원칙과 전략에 따라 힘을 써서 동생을 보호한 다음에는, 동생을 안아 올리고 껴안으며 "방금 정말 놀랐지?"와 같은 공감이 필요하다.

그다음 힘을 써서 대신 해주는 전략을 사용해 딸아이와 눈높이를 맞추고 스킨십을 해 아이의 마음에 다가가려는 노력을 해야 한다. 딸아이는 어느 정도 말이 통하는 일곱 살이기 때문에 대화를 통해 왜 그런 행동을 했는지, 어떤 욕구가 있어서 그렇게 행동했는지를 함께 알아볼 수 있다. 어린 동생과 함께 노는 것이 힘들었을 수도 있고, 혼자서 조용히 있고 싶어서 그랬을 수도 있다. 아니면 동생이 누나의 물건을 가져가 버렸는데 동생이 물어보고 가져갔으면 좋겠다고 생각해 그랬을 수도 있다. 또는 엄마와 둘이 있고 싶거나 엄마의 애정이 필요하다는 것을 보여주고 싶어서 그랬을 수도 있다. 가족 내에서 자기 위치가 어디인지 알고 싶어서 그것을 확인하려고 한 행동이었을 수도 있다.

아이가 어떤 이유에서 그런 행동을 했든 중요한 것은 에바가 부모로서 책임을 다해 딸이 이런 상황에서 스스로를 돌볼 수 있는 해결책을 찾도록 돕는 것이다. 만약에 딸이 조용히 있고 싶어서 그랬다면 다르게 표현할 방법을 아이가 생각하도록 도울 수 있다. 이때 에바는 부모로서 딸의 마음을 이해하고 두 아이의 놀이 시간을 분리하는 식의 해결책을 찾을 책임이 있다. 그리고 딸이 동생이 자기 물건을 그냥 가져가는 것이 아니라 물어보고 가져가기를 원했다면, 다음에는 동생이 어떻게 말할 수 있는지를 아이와 함께 생각해 보는 식으로 딸의 경계선도 지켜주어야 한다. 만약에 딸이 갈등 상황에서 몸이 먼저 나가는 경향이 있다면, 아이들이 함께 노는 시간에 특히 더 주의를 기울이고 예민한 감각을 발휘해 아이들 사이에 갈등이 생기려 하자마자 바로 개입해서, 힘을 써서 아이를 보호하거나 대신 해주는 일이 최대한 일어나지 않도록 한다.

앞서 자전거를 타고 도로로 달려가는 아이를 막기 위해 힘을 써서 보호하기 전략을 사용한 페트라의 사례를 다시 떠올려보자. 이때 페트라는 러빙 리더십의 전략을 활용해 일단 상황을 해결했다. 그다음 나중에 비슷한 상황이 또 일어나는 것을 막기 위해 도로의 위험성에 따라 자전거를 집에 두고 가거나, 아이 옆에 바짝 붙어서 아이가 엄마 옆에서만 자전거를 타도록 보호할 것이다.

만약 길가에서 힘을 써서 아이를 보호한 다음에도 아이가 곧바로 다시 도로로 달려가려고 한다는 느낌을 받는다면, 페트라는 이어서 힘을 써서 대신 하는 전략을 사용할 수 있다. 부모로서 자전거를 아이에게서 가져오기로 결정 내리는 것이다. 이미 말했듯 여기서 가장 중요한 것은 페트라가 어떤 마음가짐으로 행동하는지다. 페트라가 어떤 마음으로 행동하는지에 따라서 아이가 엄마 말을 듣지 않고 도로에서 자전거를 타려고 했기 때문에 자전거를 뺏는 것인지, 아니면 부모로서 아이를 보호하기 위해 차분하지만 단호하게 자전거를 가져오는 것인지가 달라진다.

많은 부모가 힘을 써서 보호하는 전략과 힘을 써서 대신 하는 전략을 함께 사용하는 것을 어려워한다. 그렇지만 아이를 안전하게 지키고 보호하기 위해서는 이 두 가지 전략을 함께 써야만 하는 상황이 분명히 있다. 힘을 써서 아이를 보호한 뒤 부모가 적절한 태도로 행동하고, 아이와 스킨십을 하고 아이의 눈높이에서 감정에 공감해 주면 그 모든 과정에서 애착이 만들어질 수 있다. 그리고 부모가 단호하지만 사랑을 담아 아이를 이끌면 행동해야 할 방향, 신뢰, 안정성, 보호에 대한 아이의 욕구를 채울 수 있고, 아이가 안전하고 보호받는다고 느낄 수 있다.

아이에게 힘을 사용하는 것은 분명 쉽지 않지만 아이가 건강하게 발달하기 위해 반드시 필요한 일이기도 하다. 특히 아이가 이미 부모와 안정적인 애착을 쌓았고, 이 애착을 통해 부모를 믿음직한 보호자라고 믿고 있다면 부모가 지금 나의 마음에 공감하고, 확신을 가지고 행동한다는 것을 분명히 느낀다. 그러면 아이에게 힘을 쓴다고 해서 그것이 아이의 정서나 부모와의 애착에 부정적인 영향을 미치지 않는다는 사실을 명심하자.

3부

가족의 질서,
분명하지만 유연한 관계가
단단한 가족을 만든다

제6장

평화로운 가정을
위한 열쇠,
수평적 위계질서 세우기

수평적 위계질서란?

   '위계질서'는 단어만 봐도 이미 딱딱하다고 생각할 수도 있고, 언뜻 보기에는 모든 사람의 욕구 채우기를 지향하는 러빙 리더십과는 어울리지 않는다고 생각할 수도 있다. 심지어 수평적 위계질서라는 말 자체가 모순적으로 느껴지기도 한다. 하지만 수평적 위계질서 전략은 가정에서 더 쉬운 의사결정을 가능하게 만들고, 가족이 서로를 지탱하고 안정감을 제공하는 데 도움이 되는 전략이다.

   아이들은 아직 두뇌가 충분히 발달하지 않았기 때문에 모든 상황에서 자신과 다른 사람을 위한 합리적인 결정을 내릴 수 없다. 그러므로 가정에서도 언제나 동등한 권리를 가지는 데 한계가 있을 수밖에 없다. 아이들은 아직 자기가 어떤 학교에 다닐지, 유치원에 갈지 말지, 도로가 안전한지 아닌지를 책임지고 결정할 능력이 없다. 그렇기 때문에 자동적으로 가정 내 위계질서가 생겨나고, 형제가 여럿일 경우 나이가 더 많고 경험이 많은 형제의 말을 따르는 것이다.

다만 분명한 사실은 이처럼 아이들이 연장자와 동등한 권리를 가지지 않음에도 언제나 동등하게 존중받고 똑같이 중요한 사람으로 대우받아야 한다는 사실이다. 아이들에게는 누구나 어른과 동일하게 존중과 사랑으로 대우받을 권리가 있다. 수평적 위계질서는 바로 이런 의미다.

안타깝지만 여전히 위계질서를 사용한 권력 남용은 너무 자주 일어나고 있다. 게다가 위계질서라는 말 자체가 소수의 일부가 기울어진 권력 구조를 사용해 다수를 불리하게 대하는 것, 즉 수평적인 눈높이가 아니라 '위에서 아래로' 향하는 구조를 연상시킨다는 것은 부정할 수 없다. 따라서 최근의 많은 기업이 수평적 위계질서를 목표로 하거나 아예 위계질서 자체를 없애려는 추세다. 가정에서도 많은 부모가 위계질서를 없애려고 한다.

바로 이 때문에 위계질서라는 개념에 대해 새로운 시각이 필요하다. 부모는 신체적·정신적·정서적으로 아이보다 명백히 우위에 있기 때문에 그들 사이에는 피할 수 없는 권력관계가 생긴다. 하지만 이러한 부모의 권력을 사용해 아이에게 벌을 주거나 폭력을 행사하는 것은 당연히 결코 허용될 수 없으며, 이를 남용해서도 안 된다. 수평적 위계질서가 그런 것처럼, 부모의 권력 역시 사랑으로 아이를 지도하고 부모로서 아이를 위해 결정을 내릴 때만 사용되어야 한다.

앞서 말한 바와 같이 모든 가정에는 기본적으로 위계질서가 존재하기 때문에, 맨 앞에서 소개한 러빙 리더십의 여섯 가지 전략을 소개한 그림에서도 힘을 써서 보호하는 전략이나 힘을 써서 대신 하는 전략보다 위계질서가 더 많은 공간을 차지하고 있음을 알 수 있다. 다만 아이들이 점점 더 많은 경험을 쌓고 그 경험을 가족생활에 적용하면서 수평적인 위계질서 전략도 함께 변화한다.

가정에서의 위계질서는 우선 '나이가 더 많은 사람을 따른다'가 기본 원칙이다. 현재의 가족 시스템에 가장 먼저 발을 들인 사람이 첫 번째가 되는 것이다. 이 원칙은 아이가 자라면서 '경험이 더 많은 사람을 따른다'로 점차 변화하는데, 무언가를 더 잘하는 사람이나 어떤 분야에서 경험이 더 많은 사람, 아니면 무언가에 특히 강점이 있는 사람을 따르는 방식이다.

카티는 2007년 아들을 출산했다. 아들이 태어난 뒤 처음 몇 년 동안에는 카티의 가정에서도 나이가 더 많은 사람을 따른다는 원칙이 적용되었다. 카티가 엄마로서 기본적인 틀을 정해주면 아이가 자신의 방식으로 따르는 식이었다. 하지만 아이가 꽤 자란 지금 이 원칙은 특정한 부분에서 꽤 많은 변화를 보였다. 새로 나온 스마트폰의 앱이나 스케이트보드와 관련한 문제는 경험과 지식이 더 많은 아들의 의견을 따른다.

앞에서 이야기한 것처럼 질서와 행동에 대한 방향과 공정함은 안전에 대한 상위 욕구에 포함된다. 아이들이 안전함을 느끼고, 애착을 쌓고, 자유롭게 개성을 펼치며 성장하려면 질서와 공정함에 대한 욕구가 우선 충족되어야 한다. 이런 점에서 수평적 위계질서는 아이들이 어떻게 생활하고 이해하고 소통해야 하는지를 알려줄 수 있는 효율적인 방식이기도 하다.

위계질서를 설정하는 것은 애착 이론의 관점에서도 반드시 필요한 부분인데, 아이들이 위계질서를 통해 부모를 자신감 있고 경험이 많아 믿음직스러운 보호자로 인식할 수 있기 때문이다.

가족 상담을 진행하면서 종종 위계질서에 따른 규칙이 가족 간 사랑을 표현하는 질서라고까지 표현하는 경우가 있는데, 그만큼 아이들의 성장 시기에 경험하는 수평적 위계질서가 아이들의 발달에 중요하기 때문이다. 가정 내에 합리적이고 수평적인 위계질서가 존재하면 갈등이 일어날 가능성이 자연스럽게 줄어들며, 이는 특히 형제자매 사이에서 더 도드라진다. 반대로 가정 내에서 위계질서가 불합리하게 역전되는 상황이 발생하면 갈등이 더 자주 일어날 수 있다. 이는 아이들이 방향성, 질서, 공정함, 안정감에 대한 욕구를 채우기 위해 새로운 질서를 만들려고 시도하기 때문이다.

특히 유의할 점은 부모가 아이들에게 선을 분명하게 알려주지 않으면 가정 내 주도권이 아이들에게 넘어가게 된다는 것이다. 이러한 상황에서는 누가 어떤 자리에 앉아 무엇을 먹고, 무엇을 입고, 언제 어디서 잠을 잘지 아이들이 직접 결정할 수밖에 없다. 이 외에도 자신이 결정할 수 있는 사안이 아닌 것에 대한 질문을 받거나, 스스로 결과를 예상할 수 없는 것에 대한 질문을 받을 때 역시 주도권은 자연스럽게 아이들에게로 넘어간다.

"할머니가 언제 오셨으면 좋겠니?"

"우리 오늘 뭐 먹을까?"

"어디 앉을래?"

"오늘 어린이집 갈 거야?"

이런 질문을 받을 때 아이들은 갑자기 자신이 감당할 수 있는 수준을 넘어서 온 가족에 대한 책임을 떠맡게 되었다고 여긴다. 이러한 질문들은 아이들에게 자유로운 선택권을 주는 것이 아니라 부담을 줄 뿐이다. 이처럼 아이들에게 주도권이 강제로 주어진 경우 가정 내 균형이 깨지며 가족 구성원 모두가 힘들어질 수 있다. 가족 내 질서가 사라졌을 때의 상황은 다음과 같다.

◆ 두 아이가 누가 먼저 할 것인지에 대해 매일 끊임없이 싸운다. 이 상황이 너무 견디기 힘들고 짜증이 나서 어떻게 하면 좀 더 평화롭게 지낼 수 있을지 자주 생각한다.

◆ 첫째와 둘째는 서로를 라이벌로 생각하는 것 같다. 모든 것에 대해 끝없이 싸우는데 그 상황이 모든 사람을 지치게 만든다. 도대체 왜 아이들이 그렇게 행동하는지 이해할 수 없다.

◆ 아이들을 대하는 방식으로 남편과 갈등을 겪고 있다. 가끔은 누가 더 아이들과 친하게 잘 지내는지를 두고 남편과 경쟁하는 것 같다는 생각도 든다.

◆ 남편이 아이들과 같이 집에 있을 때 아이들은 자기들끼리 편안하고 즐겁게 잘 논다. 그런데 내가 현관문을 열자마자 모든 것

이 엉망이 되고 아이들이 내 곁을 차지하기 위해 서로 싸우기 시작한다. 그럴 때면 도무지 어떻게 해야 할지 모르겠다.

◆ 다 큰 아이들끼리 서로 자기가 더 잘하고 더 낫다고 싸울 때가 많은데, 계속 그러는 것을 보고 있기가 너무 힘들다.

부모는 가정을 이루는 시작이다. 삶의 경험도 더 풍부하기 때문에 가족 내에서 가장 중요한 자리를 차지하는 것이 당연하다. 부부가 없다면 이 가족 자체가 존재하지 않을 것이기 때문에 부모가 제일 중요한 역할을 맡는 것이다. 더불어 부모에게는 모든 가족 구성원의 욕구를 보살필 책임이 있다. 이런 역할을 해주는 부모가 없다면 아이들은 살아남는 것 자체가 어렵다. 즉, 부모란 가족을 지휘하는 가장이다. 유의할 것은 여기서 말하는 가장이란 자기 마음대로 행동하거나 힘을 사용해서 벌을 주는 사람이 아니라, 리더로서 다른 사람을 보살피는 결정을 내리는 사람이라는 의미다.

가장으로서 부모는 어떤 상황에서 누가 무엇을 담당할지를 분명하게 나누어야 하는데, 상황별로 누가 어떤 역할을 맡을지를 분명히 알면 아이들뿐 아니라 어른도 자신의 행동을 더 확실하게 알 수 있다. 물론 상황에 따라서 어떤 경우에는 엄마가 가장이 되었다가, 다른 상황에서는 아빠가 가장이 될 수 있다. 물론 부부가 가장의 역할을 어떻게 분담할 것인지는 두 사람이 결정하는 것이지, 아이들이 결정할 일이 아니다.

부부는 서로 편안하게 지내면서 서로에게 어떤 강점이 있는지를 파악해 가장의 역할을 분담해야 한다. 만약 아빠가 아침에 활력이 있는 편이라면 아이들을 유치원에 데려다주는 역할을 맡는다. 엄마가 아이들을 편안하게 만들어준다면 저녁에 아이들이 잠이 들 때까지 함께 있어줄 수 있다. 물론 부부의 성향에 따라서 그 반대도 가능하다. 부부는 일반적으로 가족의 맨 앞에 함께 서곤 하지만 특정한 상황에서는 한 사람이 더 앞에 서고 다른 사람이 그 뒤를 따를 수도 있다. 어떤 상황에서 누가 앞에 설 것인지는 부부가 함께 상의해서 결정한다.

아이들 사이에서의 순서는 어떠할까? 가장 기본적인 원칙은 가장 나이가 많은 아이가 맨 앞에 서는 것이다. 부모에 이어서 가족 내 서열 3위는 첫째 아이이며 나이에 따라 그다음 순서를 따른다. 아이들 대부분은 나이에 따라 질서를 정하고 그에 따라 각자의 책임과 권리가 생겨나는 것이 공정하다고 생각한다. 나이가 많은 사람일수록 부담하는 의무와 책임이 커지고, 그만큼 권리와 자유도 더 크다. 가족 안에서의 공정함은 모든 것이 똑같이 주어진다는 의미의 평등과는 다르다. 가족의 위계질서는 누가 더 뛰어나거나 능력이 있는지에 따라서 정해지지 않으며 모든 가족 구성원은 언제나 똑같이 중요하고 소중하다. 가족의 위계질서는 오로지 누가 더 먼저 태어났는지에 의해서만 결정된다.

다시 한번 말하지만 가족이라는 시스템을 잘 지켜나가려면 언제나 부모의 욕구가 가장 우선으로 채워져야 한다. 부모가 자신의 욕구만을 생각하라는 것은 아니다. 부모는 아이의 욕구도 함께 살펴야 한다. 물론 아이가 배가 고프거나 크게 다친 경우라면 예외다. 이때는 당연히 아이의 욕구를 가장 먼저 살핀다.

다만 이 원칙을 알고 따르면 가족의 위계질서가 형제자매 중 어린 아이에게 불공평한 것은 아닌지, 형제자매가 항상 평등해야 더 화목한 가정이 되는 것이 아닌지에 대한 고민과 걱정이 상당 부분 해결될 수 있다.

'내가 더 먼저, 잘, 빨리' 시기를
현명하게 벗어나는 비결

이쯤에서 아이들 사이 경쟁에 대해서도 이야기할 필요가 있겠다. 경쟁은 아이들의 발달에 분명 도움이 된다. 하지만 형제자매 사이에 부자연스러운 라이벌 의식이 생기는 것은 오히려 그 반대다. 아이들이 서로 라이벌이 되어 사사건건 경쟁하는 상황에서는 형제자매 관계가 나빠질 수밖에 없다.

아이들은 만 세 살 무렵 이미 다른 아이들과의 사이에서 경쟁심을 느낀다. 이 시기 아이들은 "내가 제일 먼저 할래!", "내가 너보다 더 잘해!", "내가 너보다 더 빨라!" 같은 말을 자주 한다. 그런데 최근에는 교육 과정에서 아이들의 경쟁심을 일으킬 만한 요소를 점점 배제하는 추세다. 이제는 달리기 경주를 할 때도 1등이 있어서는 안 되고, 아이들이 패배를 경험하는 일은 절대 없어야 하며, 가장 좋은 것이란 모두가 똑같이 승자가 되는 상황인 듯하다.

하지만 이런 변화가 정말 아이들이 건전하게 경쟁하는 방법을 배우는 데에 도움이 될까? 감히 단언하는데 이는 결코 옳은 방식이 아니다. 대신 아이들이 건강하게 경쟁하는 법을 배우고, 결과에 대한 압박을 받거나, 다른 사람을 꼭 쓰러뜨리거나, 내가 남보다 우월해야 한다고 생각하지 않는, 경쟁에 대한 바른 생각을 가질 수 있도록 해야 한다.

그렇다고 아이들 사이의 경쟁을 부추기려는 것은 아니다. 다만 동물조차도 성장하고 강해지기 위해 씨름을 하고 싸움 놀이를 하는 것처럼, 경쟁은 성장 과정에서 경험하는 굉장히 자연스러운 일임을 인정하자는 것이다. 아이들은 경쟁을 통해 성장할 뿐 아니라 자신의 강점과 약점도 파악할 수 있다. 더불어 이는 아이들이 자율성, 자기효능감, 발전, 인정에 대한 욕구를 스스로 채우기 위한 전략이기도 하다. 아이들의 경쟁과 관련한 사례를 살펴보며 바람직한 경쟁이 어떤 식으로 이루어져야 하는지 알아보자.

수지는 체육을 무척 잘해서 모두에게 칭찬과 인정을 받는다. 그런데 수지만큼 운동에 재능이 많은 안나가 수지를 대놓고 질투하기 시작했고, 본인도 그런 인정을 받고자 했다. 안나는 이런 자신의 감정에 대처할 방법을 잘 몰랐기 때문에 이 감정을 해소하기 위해 수지의 화려한 체육복 바지 색을 비웃는 방식을 택했다. 놀림을 받는 수지는 당연히 속상했다.

이러한 상황을 파악한 수지의 학교 상담 선생님은 가장 먼저 수지의 마음을 먼저 보듬어주는 데 집중했다. 그다음으로는 안나를 이해하려고 노력하면서 안나의 마음에도 공감해 주었다. "그 상황이 안나 너에게도 쉽지 않았지? 안나도 체육 시간에는 항상 잘하는 아이였잖아. 그런데 수지만 그 칭찬을 독차지하니 질투 나고 부러웠을 수도 있겠다. 네가 체육을 이렇게 잘하는 것을 다른 사람이 보고 인정해 줄 때마다 항상 자랑스러웠을 테니까 말이야."

자신의 마음을 이해받았다고 느낀 안나가 끄덕이자 상담 선생님은 안나에게 질투라는 감정을 올바르게 대하는 방법과, 인정받고 싶은 욕구를 채우는 방법을 알려주었다. 그다음부터 안나는 수지의 바지를 비웃는 대신, 질투라는 괴물 뒤에 어떤 감정이 숨어 있는지 알아보려고 노력하기 시작했다. 상담 선생님의 도움으로 안나는 자신의 질투 너머에 수지에게 감탄하는 마음이 있으며, 자기도 사람들에게 그런 모습을 보여주고 싶어 한다는 사실을 깨달았다. 그러자 안나는 수지가 자신보다 체조를 더 잘한다는 사실을 받아들이고, 있는 그대로의 자기 모습을 인정하기 시작했다. 시간이 지나면서 수지가 체육 수업에서 활약을 할 때면 안나 역시 환호를 보내기까지 했다.

가정에서도 이런 일은 빈번하게 일어난다. 카티의 딸은 세 살 무렵이었을 때 집에 돌아갈 때마다 항상 오빠와 달리기 경주를 했다. 두 아이의 나이 차이는 무려 여덟 살이었으므로 당연히 동생은 오빠를 단 한 번도 이길 수가 없었는데, 오빠에게 질 때마다 딸은 좌절하고 짜증을 내며 "오빠 바보 멍청이!"라는 말을 내뱉곤 했다. 이 모든 일은 1년간 반복되었지만, 카티는 아이의 발달 과정에서 경쟁이 얼마나 중요한지를 잘 알고 아이들의 마음에 공감할 수 있었기 때문에 편안한 마음으로 아이들을 관찰했다. 그리고 딸이 좌절을 느낄 때 그 감정에 대처하는 방법을 경험하도록 도움을 주고, 특히 딸이 이길 수 있는 시합은 어떤 것이 있는지도 안내해 주고자 했다.

"지금 화가 났니? 이기고 싶어서 그렇지?"

"응! 나는 한 번도 못 이겨!"

"으음, 그래서 이렇게 화가 났구나!"

"응!"

"그렇구나, 알겠어. 그러면 네가 이길 수 있는 시합은 어떤 게 있는지 생각해 볼까?"

"응!"

"그래, 생각나는 게 있니?"

"아니, 오빠는 너무 빨라!"

"엄마는 네가 이길 수 있을 것 같은 시합이 하나 떠오르는데, 들어볼래?"

"응!"

"음, 예를 들면 오래 잠자기 시합을 하면 네가 오빠를 이길 수 있어. 그리고 너는 조랑말을 타봤지? 오빠는 못하는 거야."

카티는 아이와 이런 식으로 대화를 나누며 동생이 오빠보다 '더 먼저, 잘, 빨리' 할 수 있는 것들을 함께 찾아나갔다.

그렇다면 아이가 다른 아이보다 더 먼저, 빨리, 잘하고 싶어 할 때 어떤 전략이 도움이 될까? 가장 먼저 아이의 감정과 욕구를 받아들이는 것에서 시작할 수 있다. 이때는 아이들의 경쟁심을 없애거나 부정하지 않는 것이 중요하다. 더불어 경쟁심을 다룰 때 아이들의 경쟁심 너머에 어떤 감정과 욕구가 숨어 있는지를 알아내 아이들에게 알려줄 수 있어야 한다. 아이가 제일 먼저, 빨리, 잘하기를 원한다면 이렇게 말해주자. "그래, 알았어!", "그래, 강해지는 것이 너한테는 중요한 일이구나.", "그래, 지금 이기고 싶어서 진짜 흥분했지?" 아이의 경쟁심을 부정하기보다는 아이에게 경쟁심이 있다는 것을 인정하고 공감해 주는 것이 먼저다.

또 다른 방식으로 아이가 스스로를 더 잘 이해하도록 도와줄 수도 있다. 부러움과 질투에 대해 아이와 함께 이야기하고, 질투라는 감정 너머에 어떤 감정이 숨겨져 있는지를 함께 알아보는 것이다. 질투 뒤에는 감탄이나 슬픔이 있을 수 있다. 아이가 이를 충분히 받아들이고 준비가 되었다면 질투하는 대상보다 더 잘하거나 그만큼 잘할 수 있는 방법이 무엇인지 아이와 함께 찾아보자. 이때 아이가 자기 장점을 알고 개발하는 것, 혹은 약점을 받아들이고 딱 필요한 만큼 그 부분을 발전시키는 것 역시 이 과정에 포함된다.

다른 사람의 성공을 함께 기뻐하는 것도 전략이 될 수 있다. 오직 부러운 마음만 가지고 있을 때는 아이뿐 아니라 어른도 다른 사람의 성공, 재능, 승리, 장점을 함께 기뻐하기가 쉽지 않다. 따라서 부모인 우리가 먼저 아이에게 타인의 성공에 진심으로 기뻐하는 모습을 보여주면서 타인의 성공에 함께 즐거움을 느끼는 법을 자연스럽게 알려줄 수 있다.

학교 수업 시간에는 정기적으로 아이들 각자의 재능을 알아보고 함께 기뻐하는 '장점 축하 시간'을 가져보는 것도 좋다. 심각한 과체중으로 체조 수업에 거의 참여할 수 없었던 하산이라는 아이가 있는 한 학급에서는 하루 동안 학급 아이들 모두가 서로의 장점을 찾는 시간을 가졌다. 선생님의 도움과 함께 아이들은 하산이 다른 아이들이 물구나무서기를 할 때 지지대 역할을 누구보다도 잘 해낼 수 있다는 것을 알게 되었고, 하산이 다른 아이들보다 더 공감을 잘하고, 다른 사람에게 도움을 주려고 하고, 사랑이 많은 아이라는 것도 함께 알아냈다. 이후에도 반 아이들은 하산이 그러한 모습을 보일 때마다 함께 기뻐하며 칭찬을 나누었다.

지금까지 설명한 전략들은 아이가 형제자매와 건강하게 경쟁하는 방법을 배우고 부러움이라는 감정을 스스로를 발전시킬 원동력으로 활용하는 데 도움을 줄 수 있는 방식이다. 만약 아이들이 너무 심한 경쟁심에 시달리는 것이 걱정된다면 이러한 방법들을 활용해 보자.

수평적 위계질서를
더 잘 지킬 수 있는 절대 법칙

　사랑으로 아이를 이끄는 법을 아는 부모야말로 가장으로서 부모가 가진 권위를 올바르게 사용해 가족 구성원의 의무와 권리 사이에 적절한 균형을 만들어갈 수 있다. 그런데 간혹 이러한 상황에서 가족 구성원의 공정함에 대한 욕구는 채웠지만, 자율성이나 자기 결정권에 대한 욕구는 채워지지 않는 경우도 발생한다. 아이들은 채워지지 않은 욕구로 좌절감을 느끼기 쉬운데, 이때 부모가 아이의 그러한 감정을 표현할 기회를 만들고 공감으로써 아이의 마음을 지지해 주어야 한다.

　가정에서 위계질서가 잘 유지되면 아이들 역시 분명한 기준과 질서를 유지할 수 있다. 이를 통해 아이들은 안정감을 느끼고 분노의 감정을 표현하는 일도 줄어든다. 가정 내에서 위계질서를 만들 때는 러빙 리더십의 다른 모든 전략을 사용할 때와 마찬가지로 일상에서 아이의 자율성 욕구가 충족될 수 있도록 신경 써야 하는데, 예를 들어 부모가 누가, 언제, 무엇을 할지를 결정했다면 그것을 '어떻게' 할지는 아이와 함께 결정해 위계질서를 활용하는 동시에 아이의 자율성 욕구를 채우는 것이다.

상담을 하다 보면 형제간에 질투심이 생길까 봐, 혹은 큰아이에 비해 작은아이를 차별하는 상황을 걱정하는 통에 오히려 공정함에 대한 아이들의 욕구를 채워주지 못하는 상황을 자주 본다. 공정함에 대한 아이들의 욕구가 채워지지 않은 상태가 지속되면 타인으로부터 '애가 작은 폭군이네', '이 집은 애가 모든 걸 결정하나 봐', '아이가 계속 화가 나 있는 것 같아'라는 식의 평가를 받는 상황이 올 수도 있다.

혹은 형제자매에 사이 끊임없이 싸우고 자연스럽지 못한 라이벌 의식이 생기는 경우도 있다. 아이들은 가족 내 자신의 자리를 찾고, 이렇게 힘들게 찾은 자신의 자리를 지키기 위해 언제나 노력한다. 명심할 것은 아이들의 이러한 행동이 부모에게 지금 무언가 잘못된 일이 일어나고 있음을 알리는 신호이며, 자신을 지지하고 안정감을 제공해 줄 가족 내 질서를 만들어 달라는 요구임을 알아차려야 한다는 것이다.

정리하자면 가정 내 질서와 행동의 방향성, 공정함, 이 세 가지 요소가 모두 갖추어졌을 때 아이들 사이의 갈등을 줄일 수 있다. 아이들은 가정의 체계에 맞춰 질서를 지킴으로써 인내심을 기를 수 있고, 다양한 구성원의 욕구를 함께 고려하며, 좌절을 견디는 방법을 배운다. 또한 부모에 대한 신뢰를 키우고, 이 신뢰를 바탕으로 부모와 자녀 사이 애착도 더욱 강해진다.

그렇다면 이러한 가정 내 위계질서를 효과적으로 지킬 수 있는 절대 법칙이 존재할까? 형제자매 사이에 가장 흔하게 발생하는 갈등 상황에서 우리는 어떤 기준을 가지고 어떻게 위계질서를 설정할 수 있을까? 지금부터 가장 기본적이며 언제든 활용할 수 있는 수평적 위계질서를 위한 확실한 기준을 소개한다.

기준1: 누가 먼저 왔는가?

가장 먼저 도착한 사람이 무언가를 가장 먼저 선택하거나, 가장 먼저 받을 수 있도록 한다. 이는 형제 중 가장 먼저 태어난 첫째를 말하는 것일 수도 있고, 아니면 특정한 상황에서 먼저 도착한 사람일 수도 있다.

모든 가족 구성원이 동시에 식탁에 앉는 상황이라면, 나이가 많은 사람이 먼저 앉고 이어서 나이가 어린 사람들이 앉는 것도 방법이다. 반대로 한 명씩 식탁에 도착하는 상황이라면 가장 먼저 도착한 사람 순서대로 앉는다. 이는 일상에서 위계질서를 실천할 수 있는 하나의 예시일 뿐이니 가족의 상황에 따라서 자유롭게 질서를 만들어보자.

기준2: 누가 먼저 말했는가?

가족이 함께 식사하는 상황에서는 또 다른 규칙을 따를 수도 있다. 가장 먼저 요청한 사람이 가장 먼저 받는다는 것이다. 예를 들어 막내가 "물 주세요!"라고 먼저 말하고 큰아이가 그다음에 "저도 물 주세요!"라고 말했다면, 먼저 태어난 사람이 아니라 먼저 물어본 사람이 먼저 받는다.

물론 이러한 방식이 아이들의 경쟁심을 더 부추길까 봐 걱정하는 부모도 많을 것이다. 아이들은 항상 자기가 먼저 하려는 데 혈안이니 아이들이 더 빨리, 더 먼저 물어보기 위해 경쟁을 할 것이라는 생각에서 비롯된 걱정이다. 하지만 이런 경쟁은 얼마든지 발생해도 괜찮다. 아이들은 이 과정에서 좌절을 극복하는 방법을 배우는 동시에 순서가 중요하지 않다는 것 또한 알 수 있다. 두 번째나 세 번째로 물어본 아이도 차례를 기다리면 원하는 것을 원하는 만큼 받을 수 있다는 것을, 또 조금 늦게 말한다고 해서 불이익을 받거나 차별받지 않는다는 점을 배울 수 있다.

기준3: 누구 것인가?

아이들은 어떤 물건이든 서로 갖겠다고 끊임없이 싸운다. 그런데 이때 그 물건의 진짜 주인이 언제, 누가 가지고 놀 것인지를 결정하도록 맡겨두면 상황은 의외로 쉽게 해결된다. 이 법칙을 적용할 때는 가족 내 서열보다는 그 물건이 가족 내 누구의 소유인지를 분명하게 하는 것이 중요하다.

특히 여러 형제자매가 함께 사용하는 장난감이나 아이들이 크면서 동생에게 물려준 물건이라면 소유권을 분명히 하는 것이 특히 더 중요하다. 큰아이가 작은아이에게 장난감을 물려주는 것을 당연하게 생각해서는 결코 안 된다. 만약 아이가 동생에게 자신의 것을 물려주기로 결정했다면 그 과정을 부모가 세심하게 살피고 함께 해주어야 한다.

또 다른 방법으로는 함께 가지고 노는 장난감만을 모아두는 바구니를 따로 만드는 것이다. 그 바구니에 담긴 장난감을 가지고 놀 때는 누가 어떤 장난감을 얼마나 가지고 놀 것인지 아이들이 함께 규칙을 정한다. 물론 그 과정도 부모가 함께 살펴주어야 한다.

만약 손님으로 다른 집 아이가 놀러 와 아이들과 함께 노는 경우라면? 이때는 원래 그 장난감의 주인인 아이가 장난감을 함께 가지고 놀 것인지 아닌지를 결정하게 맡겨둔다.

기준4: 무엇이 가장 급한 일인가?

무엇을 가장 먼저 해결할지 그 순서는 일의 필요성에 따라 결정할 수 있다. 누구의 욕구가 가장 급하고, 누구의 욕구가 상대적으로 여유 있는지에 따라 일의 순서를 결정하는 것이다. 물론 무엇이 가장 급한 일인지는 상황에 따라서 달라진다.

다만 명심하자. 이처럼 급한 것부터 먼저 해결한다는 기준으로 위계질서를 정하는 것은 가족 구성원 모두의 충족되지 않은 욕구를 함께 살피고, 급한 순서대로 분류하고, 그에 따라 채우는 연습을 충분히 마친 뒤여야 한다.

만약 큰아이는 배가 고프고, 작은아이는 화장실을 가고 싶어 하는 상황이라면? 먼저 해결되어야 할 순서대로 해결하는 것이 합리적이다. 이때는 우선 작은아이를 화장실에 데려가 일을 보게 하고, 그다

음에 큰아이에게 먹을 것을 주는 것이 바람직하다. 더불어 모든 상황
이 완료된 뒤에 큰아이와 함께 그 상황에 대해 함께 이야기를 나누면
아이들과 소통하려는 부모의 욕구도 채울 수 있다.

일상에서 수평적 위계질서가
필요한 때는 언제일까

앞서 설명한 수평적 위계질서의 기준을 일상에서 실천하는 구체적인 방법은 무엇일까? 지금부터는 매우 구체적이고 자세한 여러 일상생활 속 사례를 통해 책을 읽는 누구나 자신의 일상에서 수평적 위계질서의 마법을 잘 활용할 수 있도록 돕고자 한다. 다음의 예시를 통해 일상에서 언제, 누가 먼저여야 하는지, 부모가 내려야 하는 결정은 어떤 것들인지, 그리고 아이들은 어느 정도까지 결정에 참여할 수 있는지 자세히 알아보자.

식사할 때

오늘은 아빠가 저녁 식사를 준비했다. 식사 준비가 끝나면 아빠는 가족 모두를 식탁으로 불러 음식과 음료를 나누어 주는데, 여기에는 상황에 따른 순서가 정해져 있다. 모든 가족이 동시에 자리에 앉을 때는 나이에 따라 음식을 받고, 그렇지 않을 때는 식탁에 먼저 앉는 순서에 따라 음식을 받는다. 이는 가정의 질서를 더 튼튼하게 만들고 질서와 공정함에 대한 아이들의 욕구를 채워주려는 전략이다. 그런데 만약 아이들 사이에서 위계질서에 대한 불만이 생겼을 때는 어떻게 해야 할까?

"아, 진짜 짜증 나. 맨날 형만 먼저 받잖아!"

"항상 형이 먼저인 것 같다고 생각하니?"

"응."

"그래서 짜증 나고 속상해?"

"응!"

"너도 가장 먼저 받고 싶은 거지?"

"응, 맞아!"

"가장 먼저 온 사람이 항상 가장 먼저 음식을 받는 거야. 그리고 형은 너보다 먼저 가족이 되었기 때문에 음식을 먼저 받는 거지. 그러면 네가 음식을 가장 먼저 받으려면 어떻게 할 수 있을까?"

"형한테 내가 먼저 음식을 받아도 되는지 물어보고 형이 결정하라고 할래."

"그래, 그거 말고 또 생각나는 방법이 있니?"

"응, 밥 먹을 때 내가 먼저 식탁에 오면 내가 먼저 음식을 받을 수 있어!"

손님이 와서 함께 식사를 하는 상황에서도 가족 관계에 따라서 순서를 결정할 수 있다. 할머니가 방문해 함께 식사를 하는 상황이라면, 가장 나이가 많은 할머니가 가장 먼저 음식을 받는다. 다른 아이들이 손님으로 놀러 왔다면 가장 먼저 내 아이에게 음식을 주고, 그 다음 손님으로 온 아이들에게 나이 순서대로 음식을 준다. 그러면 아이들 간에 질서와 조화가 이루어진다. 물론 손님에게 식사를 나중에 주는 것이 무례하다고 생각하거나 손님에게 우선권을 주고 싶다면, 손님에게 식사를 먼저 주는 것도 당연히 괜찮다.

인사할 때

다른 가족은 모두 집에 있고 엄마가 퇴근 후 집으로 돌아온 상황에서 엄마는 누구에게 가장 먼저 인사해야 할까? 이때는 가정 내 위계질서에 따라 가장 먼저 배우자에게 인사한 다음, 아이들의 나이에 따라 순서대로 인사하는 것이 가장 바람직하다. 만약 아이들이 먼저 인사하고 싶다고 보챈다면 "아빠에게 먼저 인사한 다음 순서대로 인사해 줄게!"라고 말한다.

미디어를 사용하는 시간

아이들의 나이에 따라서 미디어 이용 시간도 조절할 수 있다. 예를 들어 열 살 아이는 일주일에 세 시간, 일곱 살인 동생은 일주일에 두 시간만 태블릿을 보는 것이다. 물론 이에 대해 아이들이 불만을 표하는 경우도 있을 것이다.

"누나는 맨날 나보다 태블릿을 더 많이 보잖아, 진짜 짜증 나!"

"누나가 너보다 태블릿을 더 많이 봐서 속상하고, 너도 누나만큼 보고 싶니?"

"응!"

"누나는 너보다 나이가 많으니까 태블릿을 좀 더 오래 쓸 수 있는 거야. 너도 커서 누나랑 같은 나이가 되면 그만큼 똑같이 볼 수 있단다. 누나가 태블릿을 보는 동안에 엄마 아빠랑 같이 뭐 하고 놀 수 있는지 생각해 볼까?"

차를 타고 갈 때

외동이 아닌 경우에는 차를 탈 때 아이들의 자리가 미리 정해져 있는 것이 좋다. 그러면 아이들끼리 자리를 두고 싸우는 일이 사라져 차에 타고 내리는 데 쓰는 시간도 줄고 부모가 안전하게 운전하는 데 더 집중할 수 있다.

아이들이 어떤 자리에 앉을 것인지는 편안함과 안정감에 대한 아이들 저마다의 욕구를 고려해 부모가 결정한다. 큰아이가 작은아이 자리가 있는 쪽 문을 통해 차에 타고 싶어 하고, 작은아이는 그 상황을 완강히 거부한다면 원래 그 자리의 주인인 작은아이의 결정을 따른다. 이때 부모는 큰아이가 자기 자리가 있는 쪽 문으로 타고 내릴 수 있도록 안내한다. 그 과정에서 아이들이 화를 내거나 싸운다면 부모가 아이들을 중재하고 감정을 다스리도록 도와줄 수도 있다. 하지만 자리 주인이 결정한다는 원칙은 변하지 않는다.

배가 고프다고 할 때

네 살짜리 큰아이와 이제 막 3개월이 된 아이를 돌보고 있는 상황에서 만약 두 아이 모두 배가 고프다고 한다면 누구를 먼저 챙겨야 할까? 앞서 말한 것처럼 가족이 된 순서를 기준으로 삼고 첫째를 먼저 챙긴 뒤 둘째는 기다려야 한다고 생각할 수 있다. 하지만 태어난지 겨우 석 달밖에 되지 않은 둘째는 순서를 기다리기엔 너무 어리다. 따라서 이 상황이라면 둘째의 욕구를 먼저 채워주는 것이 낫다. 엄마가 수유하는 동안 큰아이에게는 사과처럼 간단한 먹을 것을 챙겨 배고픔을 달래주는 것이다. 도움이 더 급한 아이를 돕는다는 원칙을 명심하자.

잠을 잘 때

큰아이가 혼자 자길 거부하고 엄마와 함께 자는 상황이 몇 달째 이어지고 있는 상황이다. 아이 침대 옆에 손님용 매트리스를 깔고 잠을 자는 상황이 길어지다 보니 허리도 아프고 불편하다. 이런 상황은 혼자 자고 싶지 않다는 아이의 소망을 기준으로 누가 어디서 잠을 자는지를 결정한 것이다. 하지만 엄마가 어디서 잠을 잘 것인가 하는 문제는 결국 부모가 직접 결정해야 할 일이다. 이런 상황에서 엄마는 다음과 같이 행동할 수 있다.

◆ 큰 가족용 침대를 하나 설치한 뒤 온 가족이 한 침대에서 잠을 잔다.

◆ 부모의 침대 옆에 큰아이의 매트리스를 가져다 놓고 재운다.

◆ 엄마의 침대 매트리스를 큰아이 방에 가져다 두고 제대로 된 잠자리를 마련한다.

이때 부모는 모든 가족 구성원의 욕구를 살피고 모두가 받아들일 수 있는 결정을 내린다. 고려할 방법은 많다. 부모는 본인이 어디서 잠을 잘 것인지를 결정하고, 아이는 부모가 내린 결정의 테두리 안에서 어떻게 잠을 잘 것인지를 결정하는 식으로 참여할 수 있다.

나를 돌아보는 연습

우리 가족의 질서를 만들기 위해서는 앞에서
이야기했던 전략 중 무엇을 사용할 수 있을까?
앞에서 이야기한 것 외에 떠오르는 다른 전략이 있는가?
아래에 적으며 생각해 보자.

무엇을 해야 할지 먼저 파악하고
직접 결정 내려라

일상에서 위계질서를 설정하고 이 질서에 따라 생활하기 위해서는 비폭력 의사소통의 기본 원칙에 따른 마음가짐을 다시 한번 떠올릴 필요가 있다. 즉, 모든 사람은 기본적으로 다른 사람이 자신의 욕구를 충족시켜주려는 마음이 있다고 생각하는 것이다. 물론 이를 위해서는 나의 욕구도 함께 존중받아야 한다. 공정함에 대한 욕구 역시 인간의 기본적인 욕구 중 하나이기 때문이다.

그런데 분명하게 알아야 할 한 가지 사실이 있다. 공정함은 공평함과는 다른 개념이라는 것이다. 가정 내에서의 공평함, 혹은 평등함은 모든 아이를 나이나 그에 따른 욕구, 능력의 차이와는 상관없이 언제나 똑같이 대하는 것을 말한다. 이는 모든 아이가 똑같은 의무와 권리를 가진다는 의미이기도 하다.

그에 비해 공정함이란 가정 내에서 발생하는 여러 가지 상황과 그에 따른 아이들 각자의 욕구, 경험, 능력의 차이를 인정하는 것이다. 공정함은 아이들의 두뇌 성숙도나 정신·신체적 발달에 따라 동일한 상황에서도 아이들이 처한 조건이 다름을 인정하고 그 차이를 고려한다. 여기서 말하는 다른 조건들이란 나이가 많은 아이들은 자기 행동의 결과를 예측할 수 있는 지각이 있는 반면, 어린 아이들은 그러한 능력이 없는 상황 등을 말한다.

따라서 부모는 아이들의 서로 다른 욕구를 채워주고, 또 동시에 모든 아이가 저마다 똑같이 중요한 사람임을 느낄 수 있도록 다양한 방식으로 아이들을 살피고 보살펴야 한다. 결국 가정에서 공정함이란 모든 가족 구성원을 똑같이 대하는 것이 아니라, 모두의 욕구를 함께 살피는 것이다. 따라서 공정함은 공평함과는 분명히 다르다.

평등함과 공정함을 설명하기 위해 키가 서로 다른 세 아이가 울타리 너머를 바라보며 서 있는 상황을 그린 그림을 활용한 것을 본 적 있을 것이다. 앞서 설명한 개념에 따르면 공평함이란 세 아이의 키가 다르다는 것과는 상관없이 모두 똑같은 높이의 발판을 제공하는 것이다. 반면 공정한 것은 아이들의 키에 따라 높이가 다른 세 개의 발판을 제공하고, 그 발판을 딛고 모든 아이들이 똑같은 높이에서 울타리 너머를 바라볼 수 있도록 돕는 것임을 알자.

다니엘은 연년생인 두 아이를 키우고 있는데 지금까지는 두 아이가 모든 것을 똑같이 공유했다. 간식의 양도 똑같고, 태블릿을 보는 시간도 똑같았고, 유아차를 탈 때도 번갈아 가면서 앞에 앉았다. 아이들이 잠에 들 때는 다니엘과 아내가 한 아이씩 손을 잡고 자장가 두 곡을 불러준 다음, 다른 아이에게 옮겨 가 동일하게 손을 잡고 자장가를 불러주는 식으로 아이들을 재웠다. 그 순서 역시 번갈아 가며 진행했다. 그런데도 가끔씩 큰아이는 "아빠는 동생을 나보다 더 사랑하지!"라는 말을 자주 했고 왜인지 아이들이 서로 싸우는 일도 점점 잦아졌다.

이 상황에서는 우선 아이들의 나이 차이를 먼저 생각해야 한다. 앞서 설명한 것처럼 아이들의 나이 차이가 얼마큼인가는 순서를 정하는 데 중요한 문제가 아니다. 쌍둥이 중 한 아이가 단 1분 먼저 태어났다고 해도 먼저 태어난 아이가 우선이다. 하지만 아무리 이렇게 분명한 기준을 세운다 해도, 아이들의 나이 차이가 적을수록 가족 내 질서를 세우는 일이 더 어려운 것도 사실이다.

다니엘은 평등한 가족을 만들고 싶었던 듯하다. 그래서 아들의 나이 차이와 상관없이 두 아이를 똑같이 대했고, 그래서 아이들 역시 자신들은 언제나 똑같이 대우받는다는 것을 학습했다. 하지만 이 공정함은 아이들의 욕구를 충족하지 못한다. 아이들이 점점 더 자주 싸우는 것 역시 아이들이 제공받은 공정함에 문제가 있음을 알려준다. 형제자매가 너무 자주 싸우는 것은 가족 내 규칙이 조화롭지 않은 상태임을 알려주는 분명한 신호다.

다니엘의 가족에게는 가족 내 위계질서를 더 분명하게 설정하고, 아이들에게도 그 기준을 명확하게 설명해 줄 것을 권한다. "엄마와 아빠는 우리 가족이 어떻게 하면 더 공정하게 생활할 수 있을지 고민했어. 그 결과 이제부터는 이런 기준을 적용할 거야"라는 식으로 아이들에게 설명하는 것이다. 새로운 기준에 대한 설명을 들은 아이들이 지금까지와는 다른 상황에 화를 내거나 거부할 수도 있다. 하지만 아이들의 이러한 표현은 괜찮다. 분노를 표출하는 과정에서 좌절감을 견디는 법을 배우고, 그 경험이 아이들의 자신감과 자기결정권을 강화해 자존감을 높이는 데 도움을 줄 수 있기 때문이다.

다니엘 가족의 새 기준은 아이들의 나이에 따라 큰아이가 간식을 조금 더 많이 받고, 미디어도 더 오래 볼 수 있는 것이다. 이는 큰아이가 나이가 더 많고 여러 상황을 받아들이는 능력이 조금 더 발달했기 때문이다. 물론 그렇다고 해서 모든 상황에서 첫째가 우선이라는 것은 아니다. 둘째가 우선이 되어 큰아이가 기다려야 하는 상황도 있을 수 있다. 잠자리에 들 때는 둘째를 먼저 돌보고, 첫째는 기다리는 법을 익힐 수 있다.

다시 한번 말하는데, 결국 아이들에게 필요한 것은 무조건적인 평등이 아닌 공정함이다. 그리고 공정함은 가정 내 자리 잡은 위계질서와 그에 따른 가족 내 확실한 규칙을 통해 만들어질 수 있다.

가정 내 위계질서를 만들 때
활용할 수 있는 표현들

◆ 방금 네가(3살) 엄마 아빠를 불렀지? 다만 형(7살)한
테 먼저 인사한 다음 엄마 아빠가 갈게.

◆ 한 번에 한 명씩 하는 거야.

◆ 우리 가족은 엄마, 아빠, 타냐(8살), 막스(6살), 토니
(3살)이에요.

◆ 이건 동생 거니까 누가 가지고 놀 건지 동생이 결정
하는 거야.

◆ 엄마아빠가 너희를 한 명씩 순서대로 돌봐줄 거야.

◆ 먼저 하고 싶은데 그러지 못해서 화가 났구나? 어떤
때 네가 가장 먼저 할 수 있을지 같이 생각해 보자.

◆ 안네가 먼저 물을 달라고 했으니까 안네한테 먼저 줄
게. 그다음에 바로 네 차례란다. 한 번에 한 명씩 하
는 거야.

◆ 형은 나이가 더 많아서 더 많은 것을 할 수 있는 거야.
그만큼 형에게는 책임도 더 많아.

🌿 **날개를 달아주는 말**

나는 무엇을 해야 하는지 안다.

나는 우리 가족에 대한 책임이 있는 사람이므로

내가 결정을 내린다.

나는 우리 가족의 공정함을 위해 노력한다.

공정함이 채워지면 가족 모두 편안해질 수 있다.

공정함은 평등함이 아니다.

가정 안에서 위계질서를 실천하는 데 도움이 되는 몇 가지 전략을 소개한다. 상황별로 살펴보고 우리 가족에도 적용할 수 있는 것은 무엇인지 생각해 보자.

집안일 장관 되기

1. 가족의 일상을 유지하기 위해 정기적으로 해야 하는 집안일 목록을 작성한다. 쓰레기 버리기, 빨래, 청소기 돌리기, 식물에 물 주기, 식기세척기 정리 등이 포함될 수 있다. 이때 집안일에 대한 가족들의 기호를 표시할 수도 있다.

2. 각각의 집안일을 몇 명이, 얼마나 자주 해야 하는지 확인해 작성한다.

3. 가족이 함께 모여 어떤 집안일을 누가 가장 좋아하는지 생각한

다. 이때 그 일을 좋아하는 것과 잘하는 것은 엄연히 다른 영역임을 기억하자. 기본적으로 집안일을 할 때 부담이 적고 즐거움을 느낄 수 있다면 더욱 좋다.

4. 그렇게 정리한 집안일을 가족 구성원끼리 공정하게 나눈다. 각자 어떤 집안일을 맡을 수 있는지 생각해 보자. 집 안의 각 공간에서 오래 머무르는 사람이 그 공간의 책임자가 되는 식으로 기준을 세워도 좋다.

* 부모는 가장 어려운 일을, 또 가장 많은 집안일을 담당해야 한다.

* 첫째는 둘째보다 더 어렵거나 더 많은 종류의 일을 담당해야 한다.

* 아이가 아직 혼자서 감당하기에는 어려운 일을 원한다면, 그 일을 할 때 가족 누군가가 도움을 주기로 약속한다.

5. 담당 집안일에 어울리는 직책의 이름을 생각해 보자. 분리수거부 장관, 세탁부 장관, 청소부 장관 등으로 지정할 수 있다.

6. 집안일을 언제, 얼마나 자주 해야 할지 가족이 함께 상의하고 그에 맞춰 장관 업무 일정표를 만든다. 이때 집안일을 담당하는 사람이 자율적으로 일할 수 있도록 '월요일 오전 8시 분리수거하기'보다는 '월요일 오전에 분리수거하기'와 같은 형태로 정리하는 편이 좋다. 그러면 분리수거부 장관이 아침 식사 전에 분리수거를 할지, 아니면 아침 식사를 끝내고 진행할지 스스로 결정할 수 있다.

7. 이제 실천할 차례다. 이때 부모님은 아이들이 스스로 해낼 수 있도록 도와준다.

8. 분담한 일이 모두에게 괜찮은지, 아니면 약간의 조정이 필요한

지 함께 논의할 수 있는 정기적인 장관 회의를 진행한다. 장관직을 일주일 동안 유지할 것인지, 아니면 한 달을 주기로 맡은 일을 서로 변경할 것인지 이 회의를 통해 결정할 수 있다.

가족 노래 만들기

가족 이름을 순서대로 엮어 노래처럼 부를 수 있는, 가족만의 노래를 만들어보자. 이때 가족의 이름은 부모님이 가장 먼저 소개되고, 나이 순으로 형제자매 이름이 따라온다. 이 노래를 아이들과 함께 수시로 부르며 순서를 외울 수 있도록 한다. 이를 통해 아이들은 즐거운 방식으로 자연스럽게 가족 내 위계질서를 습득할 수 있다.

가족 그림 그리기

온 가족 구성원이 포함된 가족 그림을 그린다. 이때 가족 구성원의 순서에 따라 그리고, 또 어디에 그려질지도 결정한다.

제7장

아이와의
갈등 상황이야말로
자율성을 키울 수 있는
최고의 기회다

결국 아이는
스스로 해내는 힘을 길러야 한다

러빙 리더십을 통해 방패를 세우거나, 힘을 써서 아이를 보호할 때나, 혹은 힘을 써서 아이 일을 대신 해줄 때는 아이의 안전이 가장 중요하기 때문에 아이가 자율성을 발휘할 수 있는 기회가 없을 때가 많다. 따라서 그 외 일상생활에서 아이의 자율성 욕구를 채워주는 것이 중요하다. 러빙 리더십의 마지막 전략인 아이의 자율성을 키워주기 전략이 일상에서 가장 빈번하게 사용되는 이유다.

이는 맨 앞에서 소개한 러빙 리더십 전략 그림에도 분명히 나와 있다. 그림에서는 '자율성 키우기'가 가장 큰 자리를 차지하고 있는데, 그만큼 자율성은 아이가 건강하게 발달하는 데 매우 중요한 요소이기 때문이다. 아이의 자율성 욕구가 충분히 채워지지 못하면 아이는 자신의 개성을 자유롭게 발달시키고 펼치기 어렵다. 그 때문에 앞서 방패 전략이나 힘을 써서 보호하기, 힘을 써서 대신 하기 전략이

제한적으로 사용되어야 함을 강조했다.

아이들의 자율성 욕구에는 아이가 부모와 함께 결정하고, 어떤 일은 혼자서 결정하기도 하고, 자신의 의견을 표현한 뒤 그 의견이 받아들여지는 경험, 또 스스로 결정한 일을 직접 실행하며 경험을 쌓고자 하는 모든 바람이 포함된다. 이번 장에서는 부모가 아이와의 일상에서 자주 경험하는 갈등 상황을 바탕으로, 이러한 상황에서 아이를 바른길로 이끌면서 동시에 아이의 자율성 욕구를 충족시킬 수 있는 여러 방법에 대해 알아볼 것이다.

러빙 리더십의 자율성 전략은 아이와 갈등을 겪는 상황에서 아이와 함께 해결 방법을 찾고, 아이와의 대화를 통해 타협점을 만들고, 궁극적으로는 가족과 주변 사람의 욕구를 모두 고려할 수 있는 평화로운 해결책에 도달하는 방법이다. 이를 위해서는 부모가 무엇을 할 것인지, 또 그 결정에 따라 구체적으로 무엇을 할 것인지 아이와 부모가 함께 결정해야 한다. 아이가 이를 닦는 것은 부모의 결정이므로 변경될 수 없지만, 이를 어떻게 닦을 것인지는 아이와 함께 결정할 수 있다.

다른 전략들과 마찬가지로 아이가 성장할수록 이 전략의 사용 빈도 역시 줄어들 것이며, 아이 스스로 결정하는 부분과 범위가 더 많아지고 넓어질 것이다. 아이의 결정 범위는 마치 고무줄과 비슷한데, 상황에 따라서 그 범위가 매우 좁기도 하고 때로는 매우 넓어질 수도 있기 때문이다.

아이와 갈등 상황을 함께 해결하는 과정이 빠르고 쉬운 경우는 결코 없으므로 부모에게는 많은 인내와 시간이 필요하다. 당연히 가끔은 그 과정이 지치고 견디기 힘들 수 있다. 하지만 부모 역시 때로는 의견을 바꿀 수 있고, 아이의 의견에 설득될 수 있는 존재임을 잊지 말자. 이러한 믿음을 바탕으로 한 부모의 유연한 태도를 통해 아이는 자기효능감을 느낄 수 있고, 비록 갈등을 풀어가는 과정일지라도 더 가볍고 편안한 분위기에서 애정을 담아 소통할 수 있다. 지금부터 아이에게 자유롭게 행동할 영역을 제공해 갈등을 해결할 수 있는 다양한 상황에 대해 알아보자.

아이가 너무 자기만 생각하고
예의가 없어요

상담을 하다 보면 아이가 너무 예의 없게 행동한다는 고민을 자주 듣는다. 이때는 우선 가정 내에서 존중에 대한 욕구가 어떤 방식으로 표현되는지 살펴봐야 한다.

1장에서 이미 설명했던 것처럼 욕구는 상위 욕구와 하위 욕구로 나뉜다. 존중받고자 하는 욕구는 상위 욕구에 해당하며 존중이라는 상위 욕구에는 인정, 평가, 존엄성, 자유, 신뢰, 불가침과 같은 하위 욕구가 포함된다. 존중에 대한 상위 욕구는 '내가 다른 사람을 대하는 방식대로 나 역시 대우받고 싶다'는 행동으로 나타난다. 그리고 이 원칙에 따라 스스로의 행동 방향을 정하면 존중에 대한 욕구가 충족되며, 자연스레 존경, 배려, 불가침 등에 대한 욕구도 함께 채울 수 있다. 이는 우리가 다른 사람이 나를 존중하지 않는다고 비난할 때보다 내가 중요하게 생각하는 가치를 스스로 지키고 행동할 때 느끼는 존중감이 가장 크기 때문이다. 만약 아이가 욕을 한다면, 똑같이 욕을 해서 돌려주기보다 그럼에도 아이를 존중하는 방식으로 나를 존중할 수 있다. "네가 스스로 결정하고 싶었는데 그러지 못해서 화가 났어?"라고 아이의 의견과 상태를 묻는 것이다.

앞에서 다루었던 비폭력 의사소통의 네 번째 원칙인 '나는 언제든 나의 의견을 바꿀 수 있다'는 원칙도 이런 상황에서 도움이 된다. 모든 사람은 무엇이 옳고 그른 행동인지에 대해 각자 자기만의 생각이 있다. 따라서 우리는 부모로서 아이에게 그 기준을 알려줄 수 있으며, 다만 동시에 아이가 옳고 그름에 대해 자기만의 생각을 가질 수 있도록 도와 주어야 한다. 이때도 아이의 자유나 자율성이 다른 사람의 자유를 제한하거나 주변 사람 모두의 욕구 충족에 방해가 되지 않아야 한다.

더불어 아이의 사회성이 발달함에 따라 다른 사람의 욕구를 존중하고 동시에 상대방을 존중하는 방식으로 자기 경계선을 지켜 스스로를 존중하는 방법을 배워야 한다. 그렇다면 우리는 어른으로서 아이들의 행동에서 어느 정도의 존중을 기대할 수 있을까? 아이의 발달 단계를 따라서 한번 알아보자.

아이들은 태어난 지 30개월 무렵부터 상대방의 얼굴을 보고 그 사람이 지금 어떤 감정인지 알아차릴 수 있다. 전문용어로 '정서적 관점 수용'이 가능한 이 단계에서 아이들은 "엄마 슬퍼요?"라거나 "아빠 화났어요?"와 같은 말을 통해 상대방의 감정을 파악한다.

그러다 네 살에서 네 살 반 무렵이 되면 사람들의 생각이나 의견이 각자 다르다는 것을 이해하는 '인지적 관점 수용'이 발달하기 시작한다. 아이들이 성장하면서 자연스럽게 이루어지는 정서적 발달과 달리 사회성 발달은 아이들이 사회적인 집단 안에서 어떤 행동을 하는지에 따라 다르게 나타나는데, 특히 아이들이 다른 사람의 욕구를 배려하는 방법을 배울 때 사회성은 발달할 수 있다. 이를 위해서는 아이들이 좌절감을 잘 견딜 수 있어야 하며, 좌절감을 잘 견디기 위해서는 아이가 실패했을 때 대처하는 방법이나 실망, 슬픔, 좌절, 자신의 실패와 같은 불편한 감정을 다루는 방법을 배워야 한다.

초등학교에 들어갈 나이가 되기 전까지는 본인이 원하는 것을 잠깐 제쳐두고 기다리는 일이 무척 어렵다. 이때까지만 해도 아이들은 자신의 욕구를 먼저 채워야 한다는 충동에 따라 행동하기 때문이다. 다만 부모는 아이들이 일상에서 좌절을 경험하는 모든 순간을 없애고자 노력할 것이 아니라, 아이들이 좌절감을 견디는 방법을 배우도록 놔둬야 한다.

어른들끼리 차를 마시고 있는 상황에 아이가 함께 놀아달라 요구하는 상황을 상상해 보자. 이때는 곧바로 아이의 요구에 따라 함께 놀아주는 대신 우선 마음 편하게 남은 차를 다 마시고, 약 5분 후 아이의 요구를 들어줄 수 있다. 이는 부모로서 아이들에게 좌절감을 견디는 방법을 가르쳐주는 하나의 방식이다.

명심할 것은 아이가 좌절하고 있을 때 부모는 사랑을 담아 아이의 마음에 공감해 주어야 한다는 점이다. "네가 지금 엄마 아빠랑 놀고 싶은 거 알아. 그런데 엄마 아빠는 지금 마시는 차를 다 마시고 싶어.

차를 다 마신 다음에 같이 놀아줄게"라고 말하며 아이의 마음에 공감한다.

아이들은 일상생활 속에서 다른 구성원 역시 저마다의 욕구가 있고 이를 채우려고 한다는 사실을 깨달으며 좌절을 경험한다. 만 세 살 무렵부터는 다른 사람들 역시 자기와 마찬가지로 각자 원하는 것이 있다는 사실과, 모두가 만족하기 위해서는 타협이 필요하다는 것을 점점 이해하게 된다.

아이가 여럿일 때는 모든 아이들의 욕구를 동시에 채우는 것이 무척 어렵다. 발달심리학 관점에 따르면 우리의 두뇌는 스무 살이 되기 전까지 충분히 성숙하지 않아 모든 상황에서 합리적이고 사회적으로 허용되는 반응을 보이는 것이 불가능하며 이성, 도덕성, 상대방의 입장을 이해하는 능력을 담당하는 전두엽 피질 역시 스무 살이 되어서야 완전히 발달한다. 당연히 그 전까지 아이들의 두뇌에서는 모든 상황에서 합리적인 행동을 하도록 해주는 중요한 뉴런의 연결이 아직 부족하다.

'자율성 단계'라고 하는 발달 단계에서는 아이들의 자율성과 적응력이 크게 발달한다. 18개월에서 만 3세 사이 아이들은 첫 번째 자율성 단계를 경험하여 이때 처음으로 세상을 발견하고 한 인간으로 독립하기 위해 노력한다. 만 5세에서 7세까지 아이들은 유치원과 학교 등에 다니며 처음으로 사회생활을 시작하는데, 이때는 새로운 요구가 넘쳐나는 시기다. 만 12세에서 16세 사이, 10대 시기에는 아이들이 자신의 정체성을 스스로 만들어가고 자기만의 가치관을 발전시킨다.

아이들이 이렇게 큰 변화를 겪는 시기에는 다른 사람을 존중하고 공손하게 행동하기가 쉽지 않다. 특히 나이가 어릴수록 자신의 상태가 달라지는 것을 받아들이는 것만으로도 매우 힘이 든다. 어린아이들의 두뇌는 아직 발달하는 중이기 때문에 변화를 처리하는 시간도 더 오래 걸리기 때문이다.

따라서 이러한 발달 단계상 변화를 겪는 시기에는 보호자가 지금 아이가 어떤 변화를 겪는지를 잘 알고, 러빙 리더십을 통해 아이를 세심하게 살펴야 한다. 한마디로 아이들이 아직 성장 단계인 점을 고려했을 때 아이들에게 언제나 상대방을 존중하고 배려하는 행동을 요구하기 어려우며 아이들에게는 그런 행동이 당연한 일이 아님을 알아야 한다.

상담 사례 1 ●

이웃과 함께 저녁을 먹기로 한 주자네는 당연히 여덟 살 난 아들이 저녁 식사에 참여하기를 바랐다. 이웃이 도착했고, 주자네가 아이 방문을 열고 저녁을 먹으러 나오라고 말하자 아이가 "저리가! 그럴 기분 아냐!"라고 소리쳤다.

이 상황에서 주자네는 가장 먼저 자신의 행동에 대한 마음의 확신을 가지고, 아이에게 공감하려는 마음가짐으로 행동하는 동시에, 어린 시절부터 지금까지의 자기 행동을 돌아보아야 한다. 실제로 주자네는 상담을 진행하며 어린 시절부터 모든 사람의 마음에 들어야 한다는 생각을 품고 있었음을 깨달았고, 연습을 통해 그런 태도에서 벗어나고자 했다.

주자네는 마음 속 내면아이와 대화를 하는 방식으로 자신의 마음에 공감하는 법을 배우고 연습했는데, 이러한 과정을 통해 아들에게도 "네가 그런 식으로 행동하니 엄마랑 이웃 분 모두 참 슬프구나"라는 식의 감정적 조종이 아니라, 더 현명하게 반응할 수 있었다. 주자네가 선택할 수 있는 바람직한 첫 번째 방식은 다음과 같다.

"그래, 지금은 그럴 기분이 아니구나. 조용히 혼자만의 시간을 보내고 싶은 거지?"

"응!"

"지금은 네 방에 있고 싶은 거구나, 그렇지?"

"응, 지금은 진짜 안 돼!"

"그래, 알았어. 같이 저녁을 먹으러 오지 않아도 돼. 그런데 엄마한테는 이웃들과 사이좋게 지내는 것이 정말 중요하기 때문에 이웃들을 만나는 자리에 너도 함께 있었으면 좋겠어. 그러려면 어떻게 해야 할까? 혹시 아이디어가 있니?"

"글쎄, 나중에는 갈 수 있을 것 같아"

"그래, 그렇게 할 수 있겠다. 그러면 일단 혼자서 조용히 시간을 보낸 다음에 우리 둘 다 이웃과 어울리도록 하자."

"좋아, 그럼 저녁 먹으러 이따 가도 되는 거지?"

"당연히 되지, 이따 보자!"

두 번째 방식은 무엇이 있을까?

"이웃들과 같이 저녁을 먹을지 말지 스스로 결정하고 싶은 거구나?"

"응!"

"그리고 네가 이웃들을 맞이할 마음이 있는지 물어봐 주기를 원하는 거지?"

"맞아, 내 손님도 아닌데!"

"그래, 알았어. 같이 저녁을 먹으러 오지 않아도 돼. 그런데 엄마한테는 이웃들과 사이좋게 지내는 것이 정말 중요하기 때문에 이웃을 만나는 자리에 너도 함께 있었으면 좋겠어. 그러려면 어떻게 해야 할까? 혹시 아이디어가 있니?"

"글쎄, 엄마가 이웃들이랑 지금 같이 저녁을 먹으면 나는 이따가 갈게."

"그래, 그렇게 할 수 있겠다. 그러면 지금은 엄마가 이웃들이랑 같이 저녁을 먹고, 너는 이따가 엄마랑 둘이 먹는 걸로 할까?"

"좋아, 나는 지금 하나도 배 안 고파."

"그래, 다음에 이웃들이 올 때는 우리가 같이 계획해 보자."

"좋아!"

이 두 가지 대응 방식을 보고 이렇게 생각할 수도 있다. '그렇게 하면 아이는 식사 시간이 되었을 때 함께 식탁에 앉아서 식사하는 법을 절대 못 배울 텐데? 특히나 손님이 왔는데도 말이야.' 실제로 '가족과 함께하는 식사'는 많은 부모가 특히 민감하게 반응하는 주제인데, 어린 시절 부모로부터 식사 예절에 대한 압박이나 강요를 경험했던 경우라면 더 그렇다. 하지만 그렇기 때문에 더욱 식사에 대해서만큼은 가족 모두 각자의 의지대로 행동하고, 옛날 방식에서 벗어날 것을 권장한다.

벗어나야 할 식사 개념

◆ 식사는 온 가족이 항상 함께 해야 한다.

◆ 음식은 절대 남기면 안 된다.

◆ 편식하거나 불평하면 안 된다.

◆ 식사 시간에는 모두 식탁에 가만히 앉아 있어야 한다.

◆ 식사를 하며 떠들면 안 된다.

주자네는 앞선 상황에서 자신이 중요하게 생각하는 가치를 아이에게 확실히 말해주었다. 주자네는 공동체, 정확하게 말하면 공동체가 함께 식사하는 것을 매우 중요하게 생각했다. 그런데 사실 주자네의 이런 공동체 욕구를 채우기 위한 방법으로 꼭 함께 식사하는 것만이 있는 것은 아니다. 게다가 이 공동체 욕구를 채우는 책임 역시 아들에게 있지 않다. 따라서 주자네는 아들에게 식사 여부, 그리고 손님이 왔을 때 어떻게 행동할지를 스스로 결정할 수 있는 영역을 제공할 수 있다.

다만 부모가 아이에게 자유롭게 행동하고 결정할 수 있는 영역을 만들어주려면, 우선 본인 스스로도 관습적인 식사 예절 등 자기도 모르게 받아들인 잘못된 믿음이 있지는 않은지 돌아봐야 한다. 이런 과정을 거쳐야만 아이의 행동이 무례하다고 받아들이지 않고 아이를 이해할 기회가 생긴다. 부모가 아이의 행동을 존중하며 받아들이면 그것만으로도 이미 두 사람 사이에 존중이 생겨날 수 있다.

상담 사례 2 ●

막스는 가장 친한 친구와 놀고 있는 다섯 살 난 딸과 함께 집으로 돌아가고자 한다. 저녁 식사 시간에 맞춰 집에 도착하려면 꽤나 서둘러야 하는 상황이다. 그런데 막스의 딸은 계속 친구와 놀고 싶다며 "아빠는 멍청이야!"라고 소리를 지르고 집에 돌아가기를 거부한다.

이 상황에서 막스는 우선 자기 스스로에게 공감을 해주어서 마음을 진정시킬 수 있다. 그다음 딸에게 "아빠한테 그렇게 말하면 못써!"라고 혼을 내는 대신에 이렇게 반응할 수 있다.

"아빠한테 '아빠는 멍청이야!'라고 한 건 네가 더 놀고 싶은데 그러지 못해서 화가 나 그런 거지?"

"응! 여기 너무 재밌어!"

"친구랑 재밌게 놀고 있구나?"

"응! 더 놀고 싶어!"

"그렇구나. 지금 재미있게 놀고 있지, 그런데 아빠는 우리가 지금 집에 가야 한다고 결정했어. 아빠는 너를 책임져야 하는 사람이고 우리는 집에 가야 하거든. 우리가 집에 가는 일을 어떤 식으로 할 수 있을지 생각해 볼래?"

그러면 이제 5분 안에 아이와 어떤 식으로 집에 갈 것인지 합의할 수 있다. 이를 위해서는 아빠가 이 상황을 해결하고자 하는 적극적인 리더십을 보여주어야 한다. 집에 가기 위해 옷을 입어야 한다면 바닥에 옷을 입을 순서대로 배치한 '옷 입기 도로'를 만들어 옷을 입는 과정을 게임처럼 진행해 아이와의 갈등 상황을 가볍고 재미있게 풀어 갈 수 있다.

나는 나 자신과 다른 사람을

존중하는 마음으로 대한다.

나는 아이에게 타인을 존중하는 법을

행동으로 먼저 보여준다.

나는 나 자신을 존중하고

있는 그대로의 내 모습을 받아들인다.

나는 모욕이라고 느껴지는 말 뒤에 어떤 욕구가

숨어 있는지 살펴볼 준비가 되어 있다.

또 한 가지 명심해야 할 것이 있다. 아이들이 다른 사람에게 존중 받고자 하는 욕구를 스스로 채우는 방법을 배우게 하는 것이다. 아이 들은 자신의 주변 환경을 관찰하고 그것을 똑같이 배운다는 말을 자 주 들어봤을 것이다. 미국의 심리학자인 앨버트 반두라Albert Bandura 가 창안한 '관찰학습'이나 '모델학습'은 인간이 사회를 통해 학습한 다는 '사회학습'의 기본 토대라고 여겨지기도 한다.

그런데 아이들은 정말로 주변에서 보는 모든 것을 따라 할까? 정 말 모든 아이가 선물을 받고 부모님이 그러듯 감사를 표현할까? 정 말 모든 아이가 부모가 그러듯 이웃을 위해 친절하게 문을 열어줄 까? 꼭 그렇지는 않다. 관찰학습을 통해 많은 것을 받아들이고 따라

하는 경우도 있지만, 아이의 기질에 따라 다르게 나타나기도 하다.

부모는 아이들에게 예의 바르고 배려 있게 행동하라고 강요할 수 없다. 모든 아이는 사회적인 존재이기 때문에 타인과 잘 지내려는 마음을 가지고 있다. 따라서 아직 어린 시절부터 굳이 강요할 필요는 없다.

아이는 자신이 예의 바르고 배려 있는 행동을 보여주고 싶은지 아닌지를 언제든 자유롭게 결정할 수 있고, 언제든 그러지 않겠다고 거부할 권리가 있다. 부모인 우리는 아이들을 사랑으로 이끌며 아이들이 배려를 배우고 표현하는 마법 같은 순간을 제공할 수 있을 뿐이다.

아이들은 부모의 행동을 보거나 형제자매, 혹은 다른 아이들과 상호작용 과정에서 자신이 어떤 식으로 행동해야 할지를 배울 수 있다. 또 부모의 사랑을 담은 지도와 격려를 통해서도 자신이 어떻게 행동해야 하는지를 배운다. 러빙 리더십을 통해 아이에게 우리 가족이 중요하게 생각하는 가치를 알려주고 아이도 그것을 편안하게 받아들인다면, 아이도 점점 그 가치를 받아들이고 자기 것으로 만든다. 이렇게 보면 러빙 리더십은 아이와 함께 다른 사람의 입장을 받아들이는 연습을 하는 것이라고도 할 수 있다.

부모가 아이와 함께 다른 사람이 어떤 감정을 느끼고, 어떤 욕구가 있는지 알아보는 과정도 러빙 리더십을 실천하는 것이다. 이런 연습을 하는 것은 아이에게 다른 사람을 존중해서 행동하고자 하는 동기를 부여한다. 아이는 이런 식으로 부모가 중요하게 생각하는 가치를 받아들이고 실천하기 시작한다.

결국 아이의 자율성을 키우기 위해서는 아이가 자유롭게 행동할 수 있는 범위를 가능한 한 크게 제공하고, 부모의 모범적인 행동과 격려, 대화를 통해 어떻게 상대방을 존중할 수 있는지에 대한 기본적인 방향을 알려주어야 한다. 배우자와 함께 아이에게 존중과 배려를 가르쳐줄 때 특히 어떤 부분에서 부모가 모범을 보여줄 것인지 함께 상의해 보자.

유치원에 가기를 싫어해요

유치원이나 학교에 가기를 거부하는 아이들의 이유는 무척이나 다양하다. 우선 아이들의 기질과 발달 단계에 따라서 부모와 떨어지는 것을 힘들어하는 경우가 있다. 특히 어린아이일수록 주 양육자와 가족의 둥지에 있을 때 가장 편안하고 안전하다고 느끼기에 더욱 어렵다.

주말을 보낸 뒤 월요일이나, 방학이 끝나고 유치원에 다시 가야 하는 것을 유독 어려워하는 아이들이 많은데, 이는 유치원의 규칙에 다시 적응해야 한다는 부담이 있기 때문이다. 그럼에도 우리는 부모로서 아이가 유치원에 가야 한다고 분명하게 결정을 하고, 아이는 유치원에 가기 위해 자기가 무엇을 할 수 있을지 부모와 함께 생각해서 결정할 수 있어야 한다.

이제 네 살이 된 리나의 딸은 극심한 분리불안을 극복하고 적응 훈련을 거쳐 어린이집에 다닌 지 이제 1년 반이 되었다. 그런데 여름 방학을 보내고 어린이집으로 돌아오자, 유치원의 단체 활동실이 다른 층으로 옮겨져 있었다. 리나의 딸은 그 상황이 너무나도 두렵고 당황스러워 단체 활동실에는 한 발짝도 들어가려고 하지 않았다. 그리고 엄마에게 딱 달라붙어 엄마와 떨어지는 상황을 다시 거부했다. 결국 리나는 딸을 다시 차에 태워 집으로 돌아와야 했다. 집으로 가는 길에 아이는 울면서 엄마에게 "유치원으로 돌아갈래. 집에 가기 싫어!"라고 소리를 질렀다. 하지만 다음 날에도, 그다음 날에도 리나의 딸은 유치원에 갈 때마다 비슷한 행동을 보였다. 엄마와 떨어지기는 싫어하면서도 결국 집으로 돌아갈 때면 자기는 유치원에 가고 싶다고 화를 내는 것이었다.

상담을 진행하는 리나는 자신이 아이를 유치원에 두고 갔을 때 아이가 자신이 버려졌다고 느낄까 봐 극도로 두려워하고 있었다. 리나는 어렸을 때부터 실수하거나 무언가를 잘못하는 것에 대한 두려움이 무척 컸다. 어른이 되었어도 안전과 분명함에 대한 욕구가 채워지지 않은 채 남아 있었고, 아이를 위한 일이라면 절대 실수하고 싶지 않다고 생각하곤 했다.

리나는 상담을 통해 자신의 마음에 공감하는 연습을 진행했고 그 과정에서 자신에게 이러한 면이 있음을 받아들였다. 더불어 아이가 자신을 얼마나 무한히 신뢰하는지를 깨닫자 마음이 훨씬 편해졌다. 리나는 자신이 실패를 두려워하는 것이 어린 시절의 경험과 관련이 있을 뿐, 아이와의 관계와는 아무런 상관이 없음을 깨달았다. 그러면서 아이는 엄마와 헤어질 때 힘들어하기도 하고, 아이가 울고 슬퍼할 때 꼭 엄마가 필요한 것은 아니며 유치원 선생님이 달래줄 수도 있다는 사실도 알게 되었다.

이러한 생각의 과정에서 리나는 아이에게 성장하고 나아가려는 의지가 있음에도 자신이 그것을 가로막았을 수도 있겠다는 것을 불현듯 깨달았다. 지금까지는 아이가 엄마와 헤어지기 싫어할 때 유치원 현관에 남아 아이의 마음에 공감해 주고 엄마의 사랑으로 채워주려고 노력했지만, 이런 행동이 오히려 딸을 더 불안하게 만들었던 것이다. 딸에게 필요한 것은 사랑으로 가득하면서도 단호한 러빙 리더십이었다. 자기 자신과 딸의 마음에 공감하는 과정을 통해 리나는 자기 행동에 대한 확신을 얻을 수 있었다. 그렇다면 리나가 마음의 확신을 가지고 딸을 유치원에 보내는 데 도움을 얻을 수 있는 구체적인 방법은 무엇이 있을까?

우선 리나는 유치원 선생님께 이제부터는 딸이 아침에 유치원 현관에서 울면 자신이 달래주는 대신에 선생님께 딸을 맡기고 가겠다고 전했다. 유치원 선생님 역시 이에 동의하고 우선 아이를 직접 달래고, 시간이 지나도 아이가 진정되지 않을 때 리나에게 전화를 주겠다고 했다. 그러자 리나의 마음에 안정감이 채워졌다. 아이 선생님과 대화하고 합의한 것이 리나를 지탱하는 힘이 된 것이다. 그리고 리나는 그동안 유치원 현관에서 채우던 아이의 애착 욕구를 미리 채워주기 위해 아침마다 의식적으로 더 많은 시간을 들여 아이를 껴안고 함께 놀아주었다.

리나는 아이의 안정감을 채워주기 위한 또 다른 방법들을 생각해 보았다. 아이는 아침마다 엄마 아빠 냄새가 밴 티셔츠, 엄마 아빠의 사랑을 가득 채운 돌, 온 가족이 함께 찍은 작은 사진을 유치원 가방에 챙겼다. 이 과정에서 리나는 자신감 있는 태도로 아이에게 오늘은 유치원에 가는 날이라는 이야기를 계속 해주었다. 그리고 유치원에 도착하면 유치원 앞에 있는 벤치에 앉아서 아이와 간단하게 두 번째 아침식사를 했다. 이런 활동을 통해 리나는 딸의 애착 욕구를 채워주었고 아이가 유치원에서 엄마와 헤어지는 순간에 느끼는 분리불안을 잠재워 주었다.

유치원 현관에 도착했을 때는 딸에게 작별 인사를 짧게만 할 거라고 미리 이야기하며 작별 인사의 방식에 대해서도 구체적으로 설명해 주었다. "너에게 필요한 모든 것은 유치원 가방 안에 있어. 우리 같이 가방을 살펴볼까? 이 돌은 언제 도움이 될까?"라는 식으로 이야기를 나누는 것이다.

딸의 애착 욕구가 충분히 채워졌다는 확신이 들자 리나의 마음도 더 안정되었다. 아이가 "유치원 안 갈래. 엄마랑 있을래"라고 말을 해도 아이의 마음에 공감하며 "그래, 엄마랑 있는 것이 훨씬 더 좋지? 엄마랑 있을 때는 더 안전하다고 느껴지지. 그렇지만 유치원 가방 안에도 네가 안정감을 느끼기 위해 필요한 모든 것이 들어 있어. 유치원에 가는 것도 잘 해낼 수 있어. 엄마는 여기서 네가 해낼 수 있도록 도와줄게!"라고 반응할 수 있게 되었다.

리나는 아이가 안정감을 느낄 방법을 생각하고, 시간을 들여 안정감에 대한 욕구를 채워주는 식으로 아이가 스스로 해볼 수 있는 공간을 만들어주었다. 그 과정에서 리나는 아이가 러빙 리더십을 통한 지도를 필요로 한다는 것도 알게 되었다.

그 결과 리나는 아이에게 공감해 준 다음 유치원 현관문을 열고, 아이를 바로 선생님에게 넘겨주고 아이에게 작별의 뽀뽀를 한 뒤 "이따가 낮잠 시간 끝나면 엄마가 데리러 올게. 선생님이 널 잘 돌봐주실 거야"라고 작별 인사를 할 수 있게 되었다. 아이는 여전히 작별 시간에 울음을 터뜨렸지만, 선생님이 애정을 담아 아이를 달래주면 몇 분 뒤에 울음을 그치고 진정되었다. 나중에 리나가 딸을 데리러 갔을 때 아이는 아주 자랑스럽게 오늘 유치원에서 무엇을 했는지를 엄마에게 이야기해 주었다.

이 사례는 아이가 힘들어하고 부담을 느낄 때 부모가 러빙 리더십을 발휘하기 위해서는 먼저 부모 자신의 욕구를 채우고, 내가 부모로서 왜 그렇게 행동하는지를 분명히 아는 것이 얼마나 중요한지를 보여준다. 아이가 유치원에 가지 않으려 할 때 러빙 리더십으로 대처하기 위해서는 우선 나에게 어떤 감정이 드는지, 그리고 나와 아이가 안정을 느끼려면 어떻게 해야 하는지를 생각해 봐야 한다. 이 질문에 답을 찾는 과정에서 나 자신뿐 아니라 다른 사람과도 많은 대화가 필요한데, 특히 좋은 친구나 아이 선생님과 대화를 하면 빠르게 답을 찾는 경우도 있다.

이 방식을 따르면 아이를 유치원에 보낼 때마다 너무 많은 시간이 필요하다고 생각할 수도 있다. 하지만 실제로는 이 방식이 더 빠르고 간단하다. 아이의 애착 욕구가 채워지지 않은 상태에서 등원을 시도하면 아이가 분노발작을 일으키거나 더 완강한 거부 반응을 보여 오히려 더 많은 시간과 에너지가 소모된다. 반면 유치원에 간다는 규칙은 유지하면서도 아이가 애착을 채울 수 있도록 아이 스스로 등원 방식을 자유롭게 선택하면 아이의 저항은 줄어들고 부모 역시 더 자유로워질 수 있다.

☘ 날개를 달아주는 말

나는 아이가 자유롭게 행동하도록 놔둘 수 있다.

나는 아이가 좌절할 것이라고 생각되어도

그것을 받아들일 수 있다.

나는 아이가 할 수 있을 거라고 믿는다.

나는 아이가 스스로 해내도록 도움을 줄 것이다.

아이가 아무런 노력도
하지 않으려고 해요

아이가 전혀 노력할 의지가 없고 특히 매번 숙제 때문에 부모와 씨름을 하는 경우도 많다. 많은 부모가 어린 시절부터 성적이 곧 나의 가치라고 여기며 자랐기 때문에, 아이가 무엇이든 잘하는 상태가 되도록 만드는 데 열중한다. 하지만 러빙 리더십의 관점에서 보면 성적이나 능력은 누군가의 가치를 결정하는 기준이 결코 아니다. 이는 자기효능감과 같은 개인의 욕구를 채우는 방법일 뿐이다.

하지만 많은 부모가 학교 수업을 잘 따라가지 못하는 아이를 보며 너무 큰 두려움을 느낀다. 본인의 아이가 열심히 공부하려는 의지가 없는 듯해 보이면 조급해지며 자연스레 처벌과 보상 같은 과거의 교육법에 의지하곤 한다.

하지만 아이의 학업, 학교와 관련한 상황에서도 부모가 러빙 리더십을 통해 아이를 이끈다는 태도가 중요하다. 이를 위해 지금부터 학

교나 공부에 대한 주제를 아이의 눈높이에서 소통하는 방법을 이야
기해 보자.

니나는 열 살짜리 딸과 숙제를 할 때마다 매일 주도권 싸움을 한
다. 니나의 딸은 이제 4학년이지만 절대로 숙제를 하지 않으려고
한다. 이 상황에서 니나는 딸에게 소리를 지르고, 결국 아이가 눈
물을 흘리며 숙제를 끝내는 상황을 여러 번 경험했다. 그럼에도
딸이 학교에서 요구하는 수준에 훨씬 못 미치는 것을 보면 좌절감
이 든다고 이야기한다.

니나는 결과가 중요한 가정에서 자랐다. 니나의 아버지는 입버릇
처럼 "지금 공부 안 하면 나중에 길거리나 떠돌면서 살게 될 거야"라
고 말하는 사람이었다. 실패에 대한 두려움과, 아버지에게 칭찬을 듣
고 인정받고 싶은 마음에 니나는 모든 일에서 최고가 되려고 언제나
최선을 다했다. 또 완벽한 사람이 되기 위해 노력하는 과정에서 안정
감과 부모의 사랑을 느낀다고 생각했다.

하지만 그 과정에서 니나는 성취와 성공의 기쁨만을 느꼈을 뿐,
정말 마음 깊은 곳에서 그것을 원했기 때문에 그런 노력을 한 것은
아니었다. 니나가 완벽한 사람이 되기 위해 행동한 본질적인 원동력

은 두려움이었다. 아버지의 사랑을 잃는 것에 대한 두려움이자, 실패해서 거리로 나앉게 되는 것에 대한 두려움이었다. 심리학에서는 이를 '외재적 동기'라고 칭하며, 외재적 동기에 따른 행동에서는 그 결과가 주는 보상에서 즐거움을 느낄 수 있지만, 자신을 위해 행동하는 것이 아니기에 번아웃에 빠지거나 진정으로 자신이 원하는 것이 무엇인지 쉽게 잊는다고 지적한다.

니나의 어린 시절 생존 전략은 '언제나 완벽하고 최고가 되는 것'이었다. 그래서 이 생존 본능이 되살아날 때면 휴식이나 재충전에 대한 욕구를 느낄 수 없고, 자신이 감당할 수 없는 수준까지 일에 열중하곤 했다. 그런데 이러한 니나의 실패에 두려움과 완벽해야 한다는 생존 전략이 아이의 숙제를 둘러싼 갈등과 무슨 관계가 있는 걸까?

니나는 자신의 딸이 과거 자기가 그랬던 것처럼 열심히 공부하지 않을 때면 마치 위협을 받는 기분이 들고 불안해졌다. 자신의 무의식 속에서 '딸이 공부를 제대로 하지 않으면 길거리에 나앉을 거야!'라는 목소리가 울려 퍼지는 것이다. 상담을 진행하며 니나에게 이 목소리에 대한 이미지를 그려보라고 요청하자 니나는 화가 잔뜩 난 조그만 인간이 눈앞에서 이대로 가다간 네 딸이 위험해질 거라고 소리치는 모습을 그렸다. 니나가 어린 시절 느꼈고 지금까지 충분히 해소하지 못한 스트레스, 무력감, 절망감이 딸이 숙제를 하지 않는 모습을 볼 때마다 되살아난 것이다.

이 모든 과정에서 니나는 자신의 안정감과 사랑에 대한 욕구가 채워지지 않았음을 분명히 깨달았다. 동시에 딸에게만큼은 언제나 안전하고, 엄마가 지켜주고 있으며, 무엇을 성취하는지와 상관없이 언제나 사랑한다는 말을 전하고자 결심했다. 더불어 성취와 노력에 대한 의지가 중요하다는 메시지를 딸에게 전달하겠다는 새로운 목표를 세웠다.

니나에게 성취라는 가치가 무척 중요했지만, 동시에 니나는 자신의 딸이 무언가를 성취해야만 가치 있다거나 사랑받고 안전할 수 있다는 생각을 배우지 않기를 바랐다. 이러한 깨달음 이후 니나는 다음과 같은 새로운 교육 가치를 세웠다.

◆ 나는 내 아이에게 성취와 성과에 대한 모범을 보이는 것을 중요하게 생각한다.
◆ 나는 아이가 만족스럽고 행복한 삶을 살고, 무슨 일이든 노력하고자 하는 의지를 갖는 것을 중요하게 생각한다.
◆ 나는 아이가 아무것도 하지 않고 쉬는 동안에도 자신이 가치 있는 사람이라고 느끼는 것을 중요하게 생각한다.
◆ 나는 내 아이가 실패와 좌절에 대처하고 다음에 다시 시도할 수 있는 용기를 갖는 법을 배우는 것을 중요하게 생각한다.

니나의 새 목표를 달성하기 위해서는 아이들이 자율성 발달을 통해 노력하려는 의지와 경쟁할 수 있는 힘을 자연스럽게 기를 수 있다는 것을 이해해야 한다. 러빙 리더십 교육법에서는 이 시기를 DIY 단계, 즉 '아이가 스스로 해보는 단계'로 설정한다.

스스로 해보는 단계에 대한 설명을 하기 위해서는 앞서 살펴본 아이들의 발달에 대한 이야기로 돌아가야 한다. 아이들의 자율성이 발달하기 시작할 때, 아이들은 스스로 발전하고 앞으로 나아가려 하며 혼자 무언가를 해내는 것에서 큰 기쁨을 느낀다. 그래서 아이가 이제 막 말을 배우기 시작한 때부터 아이들은 "혼자 할래!", "나 혼자서 할래!", "내가 할래!" 같은 말을 자주 내뱉는 것이다. 따라서 자율성이 발달하기 시작하는 이 시기부터 아이를 통제하기보다 스스로 탐구할 수 있는 자유를 많이 제공하는 것이 아이들의 발달에 매우 중요하다.

부모가 아이의 사소한 행동을 통제하려 하거나 "조심해!", "잠깐!", "그만해!"와 같은 말을 최대한 삼갈 때 아이들은 스스로 노력해 보려는 의지가 생겨난다. 아이들의 마음속에는 이미 스스로 해보려는 의지가 있고 이런 의지는 아이들이 생존하고, 스스로 탐구하고, 인과관계를 이해하는 데 도움이 된다. 그리고 부모가 러빙 리더십의 마음가짐으로 아이들의 이런 탐구 의지를 살피고 함께할 때 아이들이 성장한 이후에도 탐구에 대한 열정이 유지될 수 있다.

발달심리학적 관점에서 볼 때 이러한 탐구하고 노력하려는 아이들의 의지를 키워주려면 아이들이 최대한 많은 경험을 하고 그에 따른 실패와 좌절을 겪어볼 수 있도록 해야 한다. 아이들은 시도의 과정에서 겪은 모든 경험과 실패, 실수들을 통해 더 강해지고 배움을 얻는다. 그러니 블록이 무너지지 않게 쌓으려면 어떻게 해야 한다고 너무 자세히 설명하거나, 나중에 예쁘게 완성하려면 구슬을 어떻게 붙여야 하는지 이야기하는 것이 언제나 꼭 필요한 것은 아니다. 아이들은 자신의 경험, 성공, 실패를 통해 스스로 배울 수 있어야 한다. 그리고 여기서 부모가 할 일은 아이들이 일상에서 마주하는 작은 실패로 좌절할 때 곁에서 함께해 주는 것뿐이다.

"탑이 갑자기 무너져서 속상했지? 네가 탑이 무너지지 않게 잘 쌓으려고 열심히 노력하는 모습을 엄마 아빠도 다 봤어. 자, 잠깐 쉬었다가 나중에 다시 해보자."

아이들이 실패를 통해 성공하기 위해서는 작은 단계부터 도움을 주는 것도 중요하다. 그 과정에서 아이들이 실패에 대처하는 법을 배우는 동시에 일상에서 겪는 작은 성공을 통해 할 수 있다는 자신감과 자기효능감을 느낄 수 있다. 그리고 언제나 아이들이 실패하더라도 용기를 주고 아이들이 다시 도전해 보도록 사랑을 담아 이끌어주어야 한다.

물론 아이들이 다시 도전하는 것은 좌절이나 슬픔과 같은 강한 감정이 진정된 다음의 일이다. 그러니 아이가 무엇을 쉽게 해낼 수 있는지, 아이의 강점과 흥미가 어떤 것인지를 부모가 잘 파악하고 아이가 성공을 경험할 수 있도록 항상 관찰하고 도움을 주어야 한다. 아이들은 자기효능감을 경험하고, 자기 강점을 발휘할 수 있으며, 자기가 관심이 있는 분야에서 능력을 펼칠 때 큰 기쁨을 느낀다.

이제 니나가 딸이 공부할 때 어떻게 행동할 수 있는지 다시 한번 살펴보자. 일단 아이가 숙제를 하도록 만들기 위해 니나가 힘을 쓰는 전략은 전혀 사용할 필요가 없음이 분명하다. 대신 니나가 아이의 마음에 공감하기 전 자기 마음에 많이 공감해야 하고 그래야 아이와 함께 공부하는 상황에서 아이를 더 잘 이해할 수 있음을 알았다. 이 과정이 모두 끝난 뒤에는 다음의 세 가지 전략을 실천해 볼 수 있다.

전략1: 아이와 공부하는 상황에 미리 대비하기

니나는 이제 자신에게 특히 어려운 상황을 마주할 때 스스로의 욕구를 채우는 것이 얼마나 중요한지 안다. 그래서 이런 상황이 오기 전에는 특히 신경 써서 스스로를 돌보려고 노력했다. 물을 충분히 마시고, 음식도 먹고, 심호흡을 하며 몸의 스트레스를 낮춘다. 산책을 하면 긴장이 풀리므로 강아지와 산책을 나가기도 했다. 그리고 산책을 하는 동안 마음속으로 "나는 안전하고 충분히 사랑받을 자격이 있는 사람이야"라는 말을 되뇌었다.

전략2: 딸에게 공감하기

니나는 충분히 준비를 마쳤고, 스스로에 대한 확신도 갖췄기 때문에 아이가 숙제를 거부하는 순간에도 아이의 마음에 더 잘 공감해 줄 수 있다. 왜 아이의 공부에 대해서 이토록 스트레스받는지 알기 때문에 이제는 갑작스레 화가 나지도 않는다.

그러자 딸의 상태 또한 점점 더 빨리 알아차릴 수 있게 되었다. 딸은 숙제가 너무 어려워서, 때로는 피곤해서, 어떤 경우에는 학교에 수업 자료를 두고 왔거나 비슷한 계산을 열 번이나 반복적으로 하다 보니 너무 지루해서 숙제가 하기 싫었다. 니나는 그 이유에 맞추어 아이의 마음을 이해하고 아이의 감정과 욕구를 알아채려고 노력했다. 상황에 따라 딸에게 가볍게 마사지를 해주기도 하고, 머리를 쓰다듬어주거나 잠깐 산책을 하면서 아이와 이야기를 나누었다. 이런 식으로 니나는 딸에게 마음을 열 수 있었다.

전략3: 욕구 지향적 대화

상담 과정에서 특히 니나에게 도움이 되었던 것은 니나가 요구했을 때 아이가 바로 숙제를 시작하지 않더라도 그것이 실패를 의미하지 않음을 깨달았다는 것이다. 니나는 가끔은 아이가 숙제를 하게 하려면 다양한 접근 방식이 필요하고, 아이가 자발적으로 숙제를 해낼 때까지 계속해서 여러 전략을 시도해 볼 수 있음을 깨달았다. 다음은 이 상황에서 니나에게 특히 도움이 되었던 대응 방식이다.

딸이 숙제를 하기 싫어하는 이유가 자율성 욕구와 관련이 있는 경우 대화는 이런 식으로 진행되었다.

"엄마가 너를 통제하려는 것 같다는 느낌을 받니?"

"응, 엄마가 항상 내 목줄을 잡고 있는 것 같아."

"그래서 네가 언제, 어떤 숙제를 어떤 식으로 할 건지 스스로 결정할 수 없는 느낌이 들어?"

"맞아. 진짜 짜증 나!"

"그래, 엄마가 너를 통제하려고 한다고 느꼈다니 엄마도 속상하다. 왜냐하면 엄마한테는 네게 도움을 주는 게 중요하거든. 그런데 너는 숙제를 혼자서 해보는 것이 중요하다고 생각하는 거지?"

"맞아."

"그러면 엄마가 어떤 식으로 도움을 줄 수 있을까? 혹시 아이디어가 있니?"

"음, 그러면 이번 주에는 내가 스스로 해보고, 만약에 엄마 도움이 필요하면 그때 도와달라고 하면 어떨까?"

"좋아, 그러면 우리 우선 그렇게 해보고, 그다음에 상황을 살피자!"

이 대화 후 며칠 동안 니나의 딸은 잠자리에 들기 직전에야 숙제를 했다. 그리고 선생님으로부터 숙제 중 몇 가지가 빠졌다는 코멘트를 받았다. 이는 니나의 딸에게 매우 중요한 경험이었다. 니나의 딸은 이후 자신이 숙제를 빠짐없이 잘 했는지 확인해 달라고 엄마에게 부탁하기 시작했다. 니나의 딸은 엄마가 자신을 진지하게 대하고 있다고 느꼈고, 숙제에 대한 해결책을 스스로 냈으며, 자신이 결정하는 요소도 있었기에 자율성 욕구 또한 충족할 수 있었다.

딸이 숙제를 하기 싫어하는 이유가 안정감과 행동의 방향에 대한 욕구와 관련이 있다면 다음과 같은 대화를 나눠보자.

"숙제가 너무 많아서 지금 네가 부담을 느끼는 것 같다는 느낌이 드는데, 맞아?"

"응, 완전. 이걸 다 할 수 있는 사람은 아무도 없을 거야. 그리고
나도 하기 싫어!"

"이 모든 것들이 너한테는 너무 많은 거지?"

"응!"

"숙제를 다 하기 위해서 도움이 필요해?"

"응, 근데 그래도 너무 많아!"

"알겠어. 그럼 엄마가 숙제를 종류별로 분류하는 것을 도와줄까?
그러고 나서 어떻게 하면 가장 잘 숙제를 끝낼 수 있을지 엄마랑
같이 생각해 볼래?"

"응."

"엄마가 도와줄게. 우리가 같이 하면 할 수 있어! 그리고 그렇게
해봤는데도 숙제가 너무 많으면 엄마가 나중에 선생님하고 이야
기해 볼게. 지금은 우선 어떤 숙제인지 한번 같이 보자."

니나의 딸은 엄마와 함께 어떤 숙제가 있는지 카드에 정리한 다음
그것을 꾸러미로 만들었다. 그리고 숙제를 하나 끝낼 때마다 그 숙제
에 해당하는 카드를 보석함에 담았다. 이를 통해 안정감과 행동의 방
향성에 대한 욕구를 채울 수 있었다.

숙제를 두 그룹으로 나누고 그룹별로 언제 할 것인지 시간을 정해
두는 것도 도움이 되었다. 한 그룹의 숙제를 끝내는 데 25분이 넘지
않도록 하고, 시간 안에 끝내지 못한 숙제는 니나가 직접 선생님과

상의한 다음, 선생님이 허락하면 주말에 이어서 하도록 했다. 여기서 핵심은 아이가 숙제를 얼마나 많이 하는지가 아니라 아이가 얼마나 길게 집중할 수 있는지이다.

이런 식으로 진행하면서 첫 번째 그룹에 속한 숙제는 점심을 먹은 오후 2시에 시작하고, 두 번째 그룹 숙제는 오후 5시에 시작하는 것이 일종의 루틴처럼 자리 잡았다. 첫 번째 그룹 숙제를 끝낸 다음에는 밖으로 나가 신선한 공기를 마시며 스트레스를 풀고 두 번째 그룹 숙제를 시작하기 위한 동기를 얻기도 했다.

아이가 숙제를 시작하기 전에 그 숙제 카드를 보면서 어떻게 진행할 것인지 미리 이야기하는 것도 아이에게 안정감을 선사했다. 니나의 딸은 숙제를 시작하기 전에 "이 숙제를 할 때 내가 정확히 해야 하는 것이 뭐지?", "이 숙제를 하려면 어떤 공책이나 책이 필요하지?"와 같은 것을 미리 생각해 보았다.

어떤 아이들은 숙제가 지루하다거나 너무 쉽다고 느껴서 숙제를 하기 싫어할 수 있다. 자기효능감 욕구가 채워지지 않는 경우다. 이때는 숙제의 난이도를 주의 깊게 살펴야 한다. 만약 숙제가 너무 쉽다면 아이에게 조금은 더 복잡한 과제가 주어져야 한다. 이런 상황이라면 가정에서는 동일한 주제를 다른 방식으로 설명하는 학습 자료를 찾거나, 조금 더 어려운 문제를 직접 내줄 수도 있다. 혹은 아이와 상의해서 너무 쉬운 숙제는 건너 뛸 수도 있다. 이때는 아이 선생님과 대화를 통해 해결책을 함께 찾아보는 것도 좋다.

휴식에 대한 욕구로 인해 숙제를 등한시하는 경우도 있다. 아이는 이미 오전 내내 학교에서 책상에 앉아 수업을 듣고 왔고, 학교 수업을 열심히 듣느라 온 힘을 다 소진했다. 심지어 오늘은 체육 수업까지 포함되어 더욱 지치는 하루였다. 이렇게 힘든 하루를 보내고 집에 돌아왔는데 정작 엄마 아빠는 숙제를 하라는 얘기뿐이면 당연히 갈등이 생길 수밖에 없다. 이렇게 피곤한 상황에서는 많은 아이들이 부모에게 협조하기는커녕, 지금 너무 스트레스를 받았고 피곤하다는 것을 짜증으로 표현하기도 한다.

하지만 이런 행동은 스트레스를 줄이기 위한 아이들 나름의 표현 방식이다. 가끔은 이런 표현이 폭력적인 방식으로 나타나기도 하는데, 엄마 아빠의 사랑이 얼마나 무한하고 무조건적인지 잘 알기 때문에 자신의 가장 약한 모습을 보여주는 것이다. 이런 상황에서는 부모가 아이에게 사랑을 적극적으로 보여주는 것이 매우 중요하다.

부모의 사랑을 표현하는 방식은 니나의 딸에게도 똑같이 효과가 있었다. 니나는 아이와 함께 점심을 먹은 다음 아이가 휴식을 취하고 긴장을 풀 충분한 여유를 주었다. 니나는 아이가 잘 쉬고 에너지를 채우도록 사랑으로 이끌어주었는데, 아이가 텔레비전을 보거나 영상 매체를 보는 대신에 친구와 밖에서 놀거나 책 읽기, 음악 듣기, 그림 그리기, 만들기 등을 하면서 자유 시간을 보내기로 아이와 함께 결정한 것이다. 이 모든 전략은 니나의 딸이 감정을 다스리고 휴식과 여유에 대한 욕구를 채우는 데 도움이 되었다.

아이의 소통에 대한 욕구를 채우는 방법에 대해서도 소개하고 넘어가자. 대부분의 아이들은 학교나 유치원에서 있었던 일을 이야기하는 것을 별로 좋아하지 않는다. 그러니 굳이 학교나 유치원에서 무슨 일이 있었는지 물어보는 대신 친구를 집에 초대해 함께 숙제를 하거나 공부를 하는 방식으로 소통해 볼 수 있다. 또 보통 아침 등교 시간에는 바쁘다 보니 아이의 소통 욕구가 잘 채워지지 않는 경우가 많은데, 이때는 잠깐이나마 아이와 재미있는 이야기를 하거나 나중에 함께 할 즐거운 활동에 대해 이야기하는 것이 도움이 될 수 있다.

🌿 날개를 달아주는 말

나는 내가 아무것도 하지 않을 때도

나 자신을 사랑한다.

아무것도 성취하지 않은 나 역시 가치 있다.

있는 그대로도 괜찮다.

무언가를 성취하는 일이

반드시 비장할 필요는 없다.

무언가를 성취하는 일은 재미있을 수 있다.

무언가를 성취하는 것과 나의 가치가 연관되어 있다고 생각하는 편인가? 그렇다면 아무것도 하지 않는 상태를 연습해 보자. 이 연습을 반복하면 할수록 아무것도 성취하지 않아도 안전할 수 있음을 점점 깨달을 것이다.

아이가 자꾸 쓸데없는
거짓말을 해요

케르스틴이 잠깐 지하실에 가서 물건을 가지고 왔더니 이제 세 살이 된 아이의 온 얼굴과 손에 초콜릿이 잔뜩 묻어 있었다. 엄마 몰래 초콜릿을 먹었냐는 물음에 아이는 아주 자신 있게 "아니! 안 먹었어!"라고 대답했다. 이렇게 슬쩍 둘러대려는 아이의 귀여운 거짓말에 케르스틴은 아이를 혼내기보다 미소로 반응하고 싶어졌다.

아이들이 상상력이 발달하는 세 살에서 다섯 살 사이의 시기부터 아이들은 거짓말을 한다. 이 시기 아이들은 괴물이나 마녀, 유령, 상상 속 친구가 있다는 이야기를 종종 하는데, 이는 아직 아이들이 자신의 상상이 진짜라고 믿기 때문이다. 그런데 아이들이 하는 거짓말 중에는 부모가 차분하게 반응하기 힘든 심각한 거짓말도 있다. 특히 그런 거짓말로 인해 다른 사람이 피해를 보거나 결과를 쉽게 감당할 수 없는 경우가 그렇다.

아이가 학교에서 거짓말로 다른 아이를 상처 입혔다면 부모는 이 것이 심각한 거짓말이라고 생각할 것이다. 아이가 물건을 훔친 뒤 하지 않았다고 거짓말하는 경우도 그렇다. 이런 상황에서는 부모나 교육 분야 종사자 모두에게 러빙 리더십을 통해 아이가 필요로 하는 것을 채워주고 사랑으로 이끌 분명한 행동 전략이 필요하다.

이를 위해서는 아이가 거짓말을 할 때 우리의 마음속 내면아이가 어떻게 반응하는지 먼저 살펴보아야 한다. 그런 뒤 아이들의 어떤 욕구가 채워지지 않아서 거짓말을 하는지, 또 아이의 거짓말에 욕구 지향적 전략으로 대응하면서 동시에 아이의 자율성을 지킬 방법은 무엇인지 알아보아야 한다.

아이가 거짓말을 한다는 것을 알았을 때 어떤 생각이 드는가? "거짓말은 안 되지!", "솔직해야 해!", "거짓말하면 못써!", "너 거짓말하면….", 그래, 거짓말을 하면? 어렸을 때 거짓말을 하면 어떻게 되었는가? 거짓말을 해서 위험해진 적이 있었는가? 어렸을 때 거짓말을 했다는 이유로 욕구가 충족되지 못했던 경험은 없는가?

아마 거의 모든 사람이 어릴 적 거짓말을 했다는 이유로 혼이 나거나 벌을 받았던 경험이 있을 것이다. 이때 벌을 주는 사람은 부모님일 수도 있고, 학교 선생님, 때로는 친구들일 수도 있다. 거짓말을 한 탓에 쉬는 시간에 나가서 노는 대신 교실에만 머무는 벌을 받거나, 친구들 사이의 신뢰를 잃었을 수도 있다. 그러니 부모는 자신의 아이가 거짓말을 할 때 필연적으로 강렬한 감정을 느끼게 된다. 이는 부모가 아이들이 깊은 우정을 기반으로 건강한 관계를 맺으며 살아갈 수 있는 정직한 사람으로 자라길 바라기 때문이다.

우리는 어린 시절부터 거짓말을 하면 안 된다는 교훈을 마음에 깊이 새겨왔다. 그래서 아이가 거짓말을 할 때 두려움, 수치심, 죄책감과 같은 감정을 경험한다. 하지만 동시에 우리는 부모로서 나무가 아닌 숲을 보려고 노력해야 한다. 아이가 무슨 이유에서 그런 심한 거짓말을 한 것일까? 지금부터는 아이가 거짓말을 할 때 부모로서 차분하고 편안한 마음으로 대처하고, 러빙 리더십을 통해 아이가 정직한 사람으로 자라도록 이끌어줄 여러 방법을 알아보자.

착한 거짓말

아이들은 빠르면 24개월부터 30개월 사이에 '정서적 관점 수용' 능력이 발달한다. 정서적 관점 수용이란 상대방이 같은 상황에서 나와 다른 감정을 느낄 수 있음을 아는 것이다. 세 살부터는 다른 사람의 마음을 점점 더 잘 이해하고 공감하기 시작하다가, 네 살 무렵부터는 '인지적 관점 수용'을 배운다. 즉, 사람마다 생각이 서로 다르고, 나의 행동이 다른 사람의 생각과 감정에 영향을 미칠 수 있다는 사실을 이해하는 것이다. 그러면 나의 어떤 행동이 다른 사람의 마음에 상처를 줄 수 있는지도 알게 된다.

인간은 사회적 존재이기 때문에 이때부터 다른 사람의 마음을 배려하기 시작한다. 동시에 누구의 마음도 아프게 하거나 실망시키지 않으려고 한다. 그래서 이 시기부터 다른 사람이 불쾌한 감정을 느끼지 않게 하려고 거짓말을 할 수 있다. 특히 아이들이 집에서 다른 사람의 감정에 대한 책임을 져야 한다고 느끼는 경우 더욱 그런 종류의 거짓말을 자주 한다. 다른 사람의 감정에 대한 책임을 아이에게 넘겨주는 말로는 "네가 그러면 엄마가 너무 슬퍼!", "아빠가 너 때문에 정말 많이 화가 났네!" 같은 것들이 있다. 아이가 이런 말을 자주 접하면 어른의 기분을 거스르지 않게 하려는 착한 거짓말을 많이 하게 된다.

그렇다면 아이들의 이러한 착한 거짓말에는 어떻게 대응하는 것이 바람직할까? 그 첫 번째 방법은 모든 사람은 자신의 감정을 스스로 책임져야 한다는 것을 아이에게 알려주는 것이다. 아이가 인지적 관점 수용을 충분히 배운 네 살부터는 아이에게 네가 다른 사람의 감정을 책임질 필요가 없다는 점을 알려줘야 한다. 가능하면 다른 사람을 보호하기 위해 착한 거짓말을 하는 대신, 솔직하면서도 분명하게 자기 경계를 지키는 방법을 아이에게 행동으로 보여주는 것이 좋다.

두 번째 대응 방식은 아이에게 비밀을 만들지 않는 것이다. 가족 간에는 서로 마음을 열고 대하고, 갈등을 피하겠다고 비밀을 만드는 일은 피해야 한다. 아이들은 현명한 부모님의 모습을 통해 솔직함 때문에 갈등이 생기더라도 평화롭게 풀어갈 수 있다는 것을 배울 수 있다.

마지막으로 아이의 착한 거짓말에 대응하는 방식은 아이와 함께 거짓말이 아닌 다른 방법에 대해 이야기하는 것이다. 만약 아이가 거짓말하는 모습을 보였다면 너무 늦지 않은 알맞은 때에 차분하게 그에 관해 아이와 이야기 나누자.

"오늘은 배가 아파서 생일 파티에 못 가." 이제 여섯 살인 프리드리히는 친구에게 파티에 가지 못한다는 이유에 대해 이렇게 이야기했다. 하지만 사실은 아빠 없이 파티에 갈 자신이 없기 때문에 거절한 것이다. 프리드리히가 거짓말을 한 이유는 친구를 속상하게 하고 싶지 않아서이기도 하고, 혼자서 생일 파티에 갈 자신이 없다는 사실이 부끄러워서이기도 하다.

이때 프리드리히의 아빠는 아이와 함께 감정과 욕구에 대한 이야기를 나누며 아이가 스스로를 더 잘 이해하도록 도울 수 있다. 이 대화에서 특히 중요한 것은 아이가 나중에 비슷한 상황에서 거짓말을 하지 않을 다른 방법을 알려주는 것이다. 대안을 제시해 주지 않으면 아이는 죄책감을 크게 느끼지만, 아이가 다르게 시도해 볼 구체적인 방법을 제시하면 아이는 이 상황을 더 편안하게 받아들일 수 있다. 그러니 아이가 착한 거짓말을 하더라도, 그 행동은 아이가 할 수 있는 최선이었음을 알고 있다는 인상을 주어야 한다.

"친구가 너한테 소중한 사람이라서 친구가 속상해하지 않았으면 했던 거지?"

"응."

"그래서 친구한테 배가 아프다고 한 거야?"

"응."

"음, 혹시 사실대로 말하면 친구가 실망하고 너랑 친구 하고 싶어 하지 않을까 봐 걱정이 됐니?"

"맞아!"

"그렇구나, 그러면 사실은 생일 파티에 가고 싶었던 거야?"

"응, 가고 싶어."

"친구한테 사실이 아닌 이야기를 했을 때 기분이 어땠어?"

"안 좋았어."

"음, 네 마음이 편안해지려면 우리가 어떻게 할 수 있을까?"

아이에게 아이디어가 없다면, 부모가 생각한 방법을 제안해도 괜찮은지 아이에게 물어보자. 그리고 아이가 그 제안을 들어볼 준비가 되었을 때 이렇게 대화해볼 수 있다. 부모가 제안할 수 있는 첫 번째 대안은 아이의 감정과 욕구에 대해 솔직하게 이야기하는 것이다.

"다음에는 친구한테 이렇게 말해보면 어떨까? '나는 네 생일 파티에 가고 싶어. 혹시 처음에만 우리 엄마나 아빠가 같이 있어도 괜찮아? 사실 내가 혼자서 생일 파티에 가본 적이 아직 별로 없어서, 엄마나 아빠가 잠깐이라도 같이 있어주면 훨씬 마음이 편할 것 같아'라고 말이야. 아니면 아빠가 친구한테 대신 말해줄 수도 있어. 어떨 것 같니?"

두 번째 대안은 아이 스스로 해내도록 도움을 주는 것이다.

"아빠가 친구네 엄마한테 말해서 아빠가 생일 파티를 도와줘도 되는지 물어볼까? 그러면 아빠도 생일 파티에 가도 되고, 너도 더 편안하게 친구들이랑 놀 수 있을 거야. 친구네 엄마도 아빠가 도와준다고 하면 분명히 좋아할 테고 말이야."

만약 다른 사람의 기분을 상하게 하지 않으려고 종종 선의의 거짓말을 했다면 지금부터라도 아이에게 모범이 되도록 노력하자. 동시에 아이가 스스로 여러 가지 방법을 시도해 볼 수 있도록 자유를 주고, 아이가 선의의 거짓말을 했다고 혼을 내는 것만은 피하자. 아이가 그 상황에 대해 엄마 아빠에게 마음을 터놓고 이야기할 수 있고, 부모가 착한 거짓말 뒤에 숨겨진 아이의 진짜 감정을 진정으로 받아줄 때 아이는 비로소 자유롭게 행동할 수 있다.

심한 거짓말에 대처하는 방법

아이들이 심한 거짓말을 하는 이유는 너무 큰 절망에 빠진 나머지 자기 자신을 위한 행동으로 거짓말이라는 방법만 알고 있기 때문이다.

안나는 같은 반 친구인 미라가 자신의 시계를 훔쳤다고 이야기했다. 그런데 사실 당시 안나는 미라가 자기 친구인 루이제를 빼앗았다는 생각에 매우 속상한 상태였다. 안나는 "미라가 루이제를 뺏어 가고 항상 저만 따돌려요! 같이 놀 때도 저는 끼워주지 않는다고요"라고 하소연을 하곤 했다. 안나는 외롭고, 친구를 잃을까 봐 무섭기도 하고, 친구를 빼앗은 미라가 밉기도 했다. 안나에게는 친구 무리에 속하는 것이 아주 중요한 일이었기 때문에 친구를 빼앗긴 상황이 무척 속상했고, 그래서 미라가 자기 시계를 훔쳤다는 거짓말을 했다.

아이들은 혼나는 상황이 두려워 거짓말을 하는 경우가 많다. 자기가 한 행동 때문에 꾸지람을 듣거나 벌을 받는 것이 무섭고, 사실대로 말하면 더 이상 사랑받지 못하고, 잔소리를 듣거나 혼이 나고, 부모님이 소리를 지를 수도 있다는 걱정에 스스로를 보호하기 위해 거짓말을 하는 것이다.

이와 같은 거짓말에 대응하는 방법은 편안한 분위기에서 아이와 대화하는 것이다. 만약 아이가 대화할 준비가 된 상태라면 아이와 부모님 모두 안정감을 느낄 수 있는 편안한 공간, 예를 들어 소파에서 아이를 껴안거나 잠들기 전 침대에서 아이를 품에 안은 채 이야기를 나눌 수 있다. 아이가 거짓말을 했다는 것을 안 순간 곧바로 아이와 그에 대해 대화를 나누면 아이가 방어적으로 행동할 수도 있다. 남들이 없는 공간에서, 아이가 편안함을 느끼고 부모를 신뢰할 수 있는 환경에서 대화를 나눠 아이가 수치심을 느끼지 않도록 한다.

그러한 대화 환경이 모두 갖춰졌다면 이제 대화를 시작해 보자. "엄마 아빠에게는 네가 그런 말을 왜 했는지 이해하는 것이 중요한 일이야. 엄마 아빠가 네 곁에서 함께 해결 방법을 찾을게."

아이에게 훈계하기보다는 한 걸음 물러서서 아이의 말을 주의 깊게 들어주자. 아이의 말을 듣는 동안 아이에게서 어떤 감정이 느껴지는지, 어떤 욕구가 채워지지 않아 아이가 거짓말을 하게 되었는지를 살펴야 한다. 아이의 말을 들을 때는 몸의 자세도 아이 쪽으로 향하고, 아이에게 몸과 마음이 열려 있음을 표현하자. 아이의 눈높이와 같은 높이로 몸을 낮출 수도 있고, 아이의 말을 이해한다는 의미로 고개를 끄덕일 수도 있다. 말을 많이 할 필요는 없지만 아이가 스스로를 더 잘 이해할 수 있도록 도움을 주는 말 몇 마디는 해줘도 좋다. "네가 절망적이고 아무것도 할 수 없어서 답답하다고 느꼈던 게 사실은 친구가 그리워서 그랬던 것일 수도 있을까?"라고 묻는 것이다.

아이는 엄마 아빠가 자신의 어려움을 알아봐 주고 자신의 행동을 판단하지 않는다고 느낄 때 해결책을 찾을 준비를 마칠 수 있다. 바로 그때 자신의 행동을 바로잡을 수 있다는 것을 알려줘야 한다. 아이들은 거짓말을 하고 난 뒤 수치심을 느끼는 경우가 아주 많은데 이는 그 상황에서 벗어날 방법을 몰라 당황하고 무력감을 느끼기 때문이다. 물론 아이가 한 거짓말을 다른 사람들이 어떻게 느꼈을지 아이와 함께 생각하며 그들에게 어떤 영향을 미쳤는지 이해하도록 도움을 줘야 한다.

이때 아이가 느끼는 감정이 무엇이든 모두 괜찮고 받아들이는 것은 가능하지만, 동시에 거짓말에는 결과가 따른다는 것을 분명히 이야기할 필요가 있다. 거짓말을 하면 다른 사람의 신뢰를 잃을 수도 있고, 그래서 감정을 표현할 다른 방법을 찾는 것이 중요함을 알려주는 것이다.

다음 표현들은 이런 상황에서 어떻게 말하고 행동할 수 있을지에 대한 이정표가 되어줄 것이다. 다만 이 대화는 여덟 살이 넘은 아이에게 적합하다. 아이가 어린 경우에는 아이의 나이와 발달 단계에 맞춰서 아이가 부담을 느끼지 않도록 잘 살펴주자.

"혹시 거짓말을 한 게 후회되고 되돌리고 싶니? 네가 어떻게 할 수 있을지 같이 생각해 볼까? 엄마 아빠가 곁에서 도와줄게."

"그때 ○○라고 느꼈고 △△가 필요하다고 생각했던 거구나. □□가 네가 한 말을 듣고 어떤 생각을 했을 것 같니?"

"거짓말을 하면 다른 사람의 믿음을 잃을 수도 있어. 네가 친구를 믿을 수 있고 친구들이 네가 진실을 말할 것이라고 믿는 것은 중요한 일이지?"

"다음에 네가 또 속상하고 ○○할 때 어떻게 할 수 있을까? 혹시 생각나는 방법이 있니?"

🌿 **날개를 달아주는 말**

모든 거짓말 뒤에는 채워지지 않은
욕구가 숨어 있다.
아이는 지금 무언가 표현하고 싶은 것이 있어서
거짓말을 하는 것이다.
아이가 거짓말을 할 때도
나의 도움과 믿음이 필요하다.

아이가 거짓말에 대해 솔직하게 이야기했다면 아이에게 진심으로 고마움을 표현하자. 그리고 아이가 자신의 거짓말에 대해 솔직하게 고백했을 때 부모로서 어떤 감정이 들었는지 마음을 열고 표현한다.

"엄마 아빠에게 이렇게 솔직하게 이야기해 줘서 정말 고마워. 우리가 서로에게 솔직한 것은 엄마 아빠에게 아주 중요한 일이기 때문에 지금 정말 기뻐."

특히 아이가 아주 심한 거짓말을 하는 경우, 아이에게는 엄마 아빠가 계속 버팀목이 되어주고 앞으로도 사랑해 줄 것이라는 확신이 필요하다. 물론 부모가 계속해서 정직한 모습을 보이는 것 역시 매우 중요하다. 아이들은 나쁜 의도로 거짓말을 하는 것이 아니라 마음의 갈등을 해결하기 위한 더 나은 방법을 몰라서 거짓말을 하는 경우가 더 많다. 아직 완전히 성숙하지 않기 때문에 충동에 따라 행동하는 것이다. 따라서 아이가 거짓말이 아닌 다른 전략을 실천하려면 러빙 리더십을 통한 부모의 지도와 많은 대화가 필요하다.

만약 아이들이 거짓말을 하지 않았다고 끝까지 부인한다면 이는 솔직하게 말했을 때 이어질 결과가 두렵기 때문이다. 그러니 아이들이 용기를 내 솔직하게 이야기해 주었을 때는 진심으로 고마움을 표현하도록 하자.

규칙을 지키지 않을 때는
어떻게 해야 하나요?

규칙은 공동체가 편안하게 지낼 수 있도록 도움을 주며, 질서, 구조, 행동의 방향과 루틴에 대한 인간의 욕구를 채워준다. 이는 안전에 대한 기본적 욕구에 속하는 하위 욕구들이다. 어렸을 적 항상 말을 잘 들어야 했고, 그러지 않으면 벌을 받거나 보상을 빼앗기는 경험을 하며 자란 어른은 아이들이 규칙을 지키지 않는 것을 힘들어한다. 그들은 아이가 규칙을 지키지 않으려고 할 때 자신이 위협받는 기분을 느낀다.

하지만 우리는 아이가 규칙을 지키지 않았을 때도 아이에게 공감하면서 확신을 가지고 행동해야 한다. 이때도 내가 어렸을 때 규칙이 어떤 의미였는지를 먼저 떠올려 보는 것이 좋다. 만약 정해진 규칙을 따르지 않았으면 어린 나에게는 어떤 일이 일어났을까? 규칙을 어겼을 때 벌을 받거나 보상을 잃어버리는 일이 무섭지는 않았는가? 어쩌면 그런 것들 때문에 어른이 지켜보거나 통제할 때만 규칙을 따르곤 했는가? 스스로에게 이런 질문을 하다 보면 내가 규칙을 따랐던 명확한 이유가 무엇인지 깨달을 수 있다.

러빙 리더십에서는 보상과 처벌이라는 과거의 육아 방식을 배제하기 때문에 우리의 새로운 목표는 아이가 자발적으로 규칙을 따르도록 만드는 것이다. 우리가 규칙이라는 말 대신에 약속이나 동의라는 말을 사용하는 이유이기도 하다. 아이들은 보호자에게 지시받는 대신 대화를 통해 우리가 속한 집단에 무엇이 필요한지 함께 상의하고 결정할 수 있다. 그리고 이러한 약속의 과정에서 부모가 자신을 진지하게 생각하고, 자기를 바라봐 주고 자기 말을 들어준다고 생각하며 이런 생각이 바탕이 될 때 자발적으로 약속을 지킬 마음이 생겨난다. 이 방식이 특히 좋은 이유는 이러한 방식을 통해 아이들은 스스로 약속을 지키고자 하고, 심지어는 부모가 자리에 없을 때도 스스로 약속을 지킬 가능성이 훨씬 더 높기 때문이다.

다만 아이들은 완전히 성숙하지 않았기 때문에 아직 모든 상황에서 약속을 지킬 수는 없다. 앞에서 아이들이 세 번의 자율성 발달 단계를 거치고, 특히 변화를 겪는 시기나 아이의 다른 욕구가 충족되지 않은 상황에서는 약속을 지키기가 더욱 어렵다는 이야기를 했다. 그러니 아이가 언제나 약속을 지켜야 한다는 생각은 버리자.

아이들은 발달 상태와 그때그때의 상태에 따라 아주 충동적으로 행동할 때도 많아서 때때로 약속한 내용을 상기시켜 주거나 지금 상황에 더 잘 맞는 새로운 약속이 필요할 때도 많다. 더불어 아이들은 부모의 행동을 보고 약속을 지키는 방법을 배운다는 점도 명심해야한다. 아이에게 했던 말을 행동으로 실천하고 아이에게 약속했던 대로 일관적으로 행동해 모범을 보이자.

다른 한편으로는 아이에게 약속 내용을 계속 상기시켜 주면서 동시에 아이와 함께 만든 약속을 자유롭게 실천할 수 있도록 틀을 제시해 줘야 한다. 물론 이런 노력에도 아이가 약속한 내용을 잘 지키지 않을 수 있다. 하지만 결코 나쁜 의도로 그러는 것이 아니라 부모의 도움을 필요로 하는 것뿐임을 알자. 경우에 따라서는 아예 새로운 약속을 만드는 것이 나을 때도 있다.

아이와 같은 눈높이에서 동등하게 약속을 정하려면 항상 아이들과 대화를 나누어야 한다. 아이가 나이가 많을 때는 아이에게 더 많은 자유가 주어지지만 만약 아이가 너무 어리면 너무 많은 대화가 부담으로 다가갈 수 있다. 이때는 말로 설명하기보다는 행동을 통해 모범을 보이는 편이 더 낫다.

상담 사례 ••

이제 막 열한 살이 된 라라의 아들은 라라에게 혼돈 그 자체다. 방뿐만 아니라 거실까지 아들의 물건들로 어지러워진 상태다. 라라는 아들에게 방을 정리하라는 말을 몇 번이고 했지만 허사였다. 최소 일주일에 한 번은 방을 정리해야 한다는 규칙을 만들었지만 아들은 방 정리는커녕 거실 곳곳에 자신의 물건을 늘어놓고 치울 생각조차 없어 보였다. 라라는 아이가 규칙을 따르지 않는 것에 대해 실망하고 무력감을 느꼈다.

이 사례를 보았을 때 라라는 질서에 대한 욕구가 큰 편임을 알 수 있다. 반면 라라의 아들은 방이 어지럽더라도 편안함을 느끼고, 자신의 방을 어떻게 할 것인지 스스로 결정하고자 하는 자율성 욕구가 있음을 추측할 수 있다. 따라서 아이 방에 곰팡이가 피거나 건강을 위협할 만한 문제가 있지 않는 한 라라는 기준을 정하고 그 기준 안에서 아이가 자유롭게 행동하게 해줄 수 있다.

또 라라는 아이 방에 대해 이야기하며 방법을 찾을 수 있다. 아이와 방 상태에 대해 솔직하게 대화하되 아이를 탓하지 않으며 상황을 설명하는 것이다.

"네 방의 지금 모습과 방에서 나는 냄새가 편안하니? 네 방에 대한 것은 스스로 결정하고 싶은 거지? 물론 여기는 네 방이지만 엄마는 네 방을 보면서 화가 날 때가 있어. 그건 엄마가 질서를 중요하게 생각해서 그래. 엄마는 질서 속에서 안정을 느껴. 그렇지만 여기는 네 방이니까 방에 대한 문제는 네가 직접 결정하렴."

만약 여기서 아이가 지금 방 상태 그대로 편안함을 느낀다고 이야기하면 아들에게 방 정리를 하라고 강요할 수 없다. 여기서 중요한 것은 라라가 아이와 계속 대화를 하고, 아이가 스스로 해결책을 찾을 기회를 주어 결국 모두가 편안하게 지내는 것이다.

아이가 해결 방법을 제안하지 않는다면 아이에게 엄마 아빠의 생각을 들어보고 싶은지 물어본다. 아이가 방에서 물건을 찾지 못할 때 엄마 아빠의 도움을 받고 싶은지, 또는 방을 함께 정리하고 싶은지, 혼자서도 방을 정돈된 상태로 유지할 수 있도록 자신의 방 정리 규칙을 만들고 싶은지 등을 말이다. "네가 방에 있을 때 어떤 기분이 드는지 가끔씩 이야기를 해보자. 그리고 네가 원하면 엄마 아빠는 언제든 네가 방을 정리하는 것을 도와줄 수 있어"와 같은 식으로 느슨한 약속을 해도 괜찮다.

만약 친구가 놀러 왔을 때 방에서 장난감을 찾지 못하면 어떤 기분이 들 것 같은지 질문해 볼 수도 있다. 어쨌든 우리는 아이가 지내는 자신의 공간을 편안하게 만들고자 하는 의지를 키우도록 돕는 것이 중요하다. 그리고 이를 위해서는 많은 대화와 러빙 리더십을 통한 지도가 필요하다.

라라가 선택할 수 있는 두 번째 대응 방식은 거실을 정리하는 것이다. 거실은 모든 가족 구성원을 위한 공간이다. 라라는 거실이 항상 정돈되어 있기를 바라지만, 아이는 거실에서 놀며 사용하는 모든 물건을 여기저기에 흩어놓으려고 한다. 이때 라라는 이런 대화를 시도할 수 있다.

"물건을 거실에 그냥 두고 싶니? 아니면 언제 정리할지는 스스로 결정하고 싶은 거야? 엄마한테는 거실이 정돈된 상태인 것이 중요해. 그래야 안정감을 느끼거든. 네 방은 언제 청소할지 네가 직접 결정해도 돼, 그건 네 방이니까. 그럼 거실은 어떻게 하는 것이 우리 가족 모두에게 좋을까?"

"거실은 저녁 먹기 전까지 치울게요. 대신 그 전에 언제 치울지 제가 스스로 결정할래요."

만약 라라의 아들이 이 약속을 지키지 않는다면 부모는 "우리가 약속한 내용 기억하고 있지? 거실에 네 물건들이 아직 있는데 이제 곧 저녁 먹을 시간이야"처럼 약속을 상기시켜 줄 수 있다. 아이가 저녁 식사를 하기 직전까지도 장난감을 정리하지 않는다면 라라는 다시 한번 아이와 대화를 나눈다.

어쩌면 아이가 할 일을 하면서 놀이와 재미에 대한 욕구를 채우기 위해서는 부모의 도움이 필요할 수도 있다. 노래를 하면서 정리를 하거나, 제트기 놀이를 하며 정리하거나, 정리하기 시합을 할 수도 있다. 아이는 정해진 틀 안에서는 자유롭게 행동할 수 있다는 중요한 경험을 하고, 부모가 자신을 진지하게 상대해 준다고 느끼고, 정돈에 대한 자신의 욕구를 스스로 발견하고, 정돈을 하면 안정감을 느끼며 우리 가족에게는 정돈이 중요하다는 사실을 배울 수 있다.

가끔씩은 예외적으로 저녁 식사 전에 라라가 아이를 대신해서 거실 정리를 대신 해줄 수도 있다. 이를 통해 다른 사람에게 도움을 주고 협력하는 행동에 대한 모범을 보여주는 것이다. 이때는 아이에게

"오늘 학교에서 스트레스를 많이 받았지. 오늘 정말 피곤해 보이니까 엄마가 대신 정리해 줄게"라고 말할 수 있다. 이렇게 아이는 힘든 시기에 서로를 돕는 방법을 배운다.

아니면 다음 날 아침에 정리하기로 함께 결정할 수도 있다. 그리고 아이가 그 약속을 지켰을 때는 아낌없이 칭찬하며 엄마 아빠는 어떤 감정을 느꼈는지, 그리고 아이가 약속을 지키는 행동으로 부모의 어떤 욕구가 채워졌는지를 이야기해 줄 수 있다.

"오늘 저녁 먹기 전에 우리가 약속했던 것처럼 거실이 깔끔하게 정리되어 있었어. 오늘 엄마가 회사에서 정말 바빴거든, 그런데 거실이 정리되어 있는 모습을 보니까 정말 안심되고 기쁘더라. 같이 상의하고 거실을 정리해 줘서 정말 고마워!"

아이와 함께 새로운 해결 방법을 찾을 때 활용할 수 있는 표현을 소개한다.

"그건 네 일이라고 생각하니까 언제 정리할지 스스로 결정하고 싶구나. 엄마 아빠는 ○○을 중요하게 여기는데 혹시 이 상황에서 우리가 어떻게 하는 것이 가장 좋을까? 아이디어가 있니?"
"엄마 아빠가 마음대로 결정하지 않고 너에게도 의견을 물어봤으면 좋겠지? 엄마 아빠에게는 네 의견도 무척 중요해. 그렇지만 네가 해줬으면 하는 것도 있어. 그럼 우리가 어떻게 할 수 있을까?"

"엄마 아빠에게는 모든 사람이 편안하게 지내는 것이 중요해. 너
는 ○○가 필요하고 동생은 △△이 필요하고, 엄마 아빠에게는 □
□가 필요하지. 혹시 우리가 모두 만족할 수 있는 새로운 방안에
대한 아이디어가 있니?"

"엄마 아빠에게 새로운 제안이 있는데 들어볼래?"

🌱 날개를 달아주는 말

우리는 언제나 함께 해결 방법을 찾을 수 있다.

가끔은 그 과정이 오래 걸릴 때도 있다.

나는 내 의견을 바꿔도 된다.

나는 아이가 원하는 것을 들어주어도 된다.

아이와 합의할 때 아이가 자유롭게 행동할

여지를 남겨주어도 된다.

아이가 합의한 내용을 지키지 않는 것은

나에게 반항하는 것이 아니라

스스로를 위해 행동하는 것이다.

아이들의 싸움을 말리다가
하루가 끝나버려요

형제자매 간에 말다툼이나 싸움이 일어나면 방패 세우기나 힘을 써서 보호하고 대신 해주기, 위계질서 세우기 등 다양한 전략이 필요하다. 그런데 아이들에게 자율성을 선사하는 것만으로 형제자매간 다툼이 해결될 때도 많다. 아이들의 나이가 많을수록 갈등 상황을 해결하는 과정에 아이들이 더 많이 참여할 수 있으며 심지어는 이러한 갈등을 통해 아이들은 자신이 어떤 사람인지를 배울 기회도 얻는다. 아이들은 형제자매와 상호작용을 하면서 다양한 감정을 알게 되고 가족 구성원들은 저마다 다른 것을 필요로 한다는 것을 깨닫는다.

지금부터 이야기하는 내용은 형제자매 간 갈등뿐 아니라 또래 집단 간의 갈등 상황에도 적용할 수 있다. 아이들끼리 갈등이 생겼을 때 중요한 것은 아이들이 자신의 경계선을 지키는 방법을 배우는 것, 그리고 우리 아이가 다른 아이의 욕구를 대신 채울 책임을 지는 상황이 벌어지지 않도록 부모가 주의를 기울이는 것이다. 다시 말하면 아이들 사이 갈등이 일어났을 때 엄마 아빠는 모든 아이의 욕구가 잘 채워졌는지 살피고, 아이들이 이 갈등을 어떻게 해결할 것인지 함께 결정할 수 있도록 도와야 한다.

아이들이 서로 싸우고 있을 때 부모인 우리 마음에는 어떤 생각이 떠오르는가? 아이들의 갈등 상황이 나에게 위협으로 느껴지는가? 불안하거나 무서운가? 우리에게 상담을 받는 많은 부모는 아이들이 싸울 때 실패에 대한 두려움을 느끼곤 한다. 이는 아이들의 싸움이 부모인 나의 잘못 때문이라고 생각해서다. 아이들이 싸우는 모습을 보고 상실에 대한 두려움을 느끼는 부모도 있는데, 어린 시절에 부모님의 싸움이 이별이나 사랑을 잃어버리는 경험으로 이어지는 것을 본 경우 그렇다. 아이들의 싸움으로 분노, 무력감, 미움, 좌절과 같은 감정이 느껴진다면 가장 먼저 내가 이 감정을 느끼는 원인이 무엇인지, 지금 이 순간 나의 내면아이에게 무엇이 필요한지 알아봐야 한다.

아이에게 공감하되 확실한 태도로 행동하기 위해서는 우선 형제자매 사이의 경쟁이나 싸움이 아이들의 발달 과정에서 매우 중요하고 때로는 필요하기까지 하다는 점을 인지해야 한다. 아이들이 건전한 경쟁심을 통해 성장한다는 것은 앞서 설명한 바 있다. 다만 아이들이 거의 모든 시간을 서로 싸우는 데 보낼 정도로 부자연스러운 상황에서는 가족 내 위계질서가 흔들리지 않는지, 아이들이 부모님의 사랑을 더 많이, 혹은 적게 받는다고 생각하지는 않는지 살펴볼 필요가 있다. 그러나 아이들이 함께 놀고, 껴안고, 웃고, 대화하는 것처럼 친사회적인 행동과 싸움이 번갈아 나타난다면 이때는 형제자매 간 싸움을 꼭 갈등 상황이라고 보고 야단칠 필요가 없다. 대신 아이들과 함께 평화로운 해결책을 찾아볼 수 있다.

분명한 것은 아이들은 서로의 욕구를 채워줄 책임이 없고, 다른 아이의 감정에 대해 책임을 져서도 안 된다는 것이다. 해결책을 찾는 과정에서 아이들이 할 수 있는 것은 함께 결정하는 것뿐이다. 싸우고 난 뒤에 다른 아이의 욕구를 채우는 것을 얼마나 도와줄 것인지는 아이가 자발적으로 결정할 수 있어야 한다.

상담 사례 ···

안톤과 프란츠 부부는 일곱 살과 네 살짜리 두 딸을 키우고 있다. 주말이면 이들 부부의 집에 큰딸과 같은 학교에 다니는 여섯 살짜리 이웃집 남자아이가 자주 놀러 오는데, 이때 작은딸도 항상 두 언니 오빠와 함께 놀고 싶어 한다. 그런데 큰아이와 옆집 아이는 어린 동생의 방해 없이 조용하게 놀고 싶은 마음에 매번 방문을 걸어 잠근다. 프란츠와 안톤 부부는 작은아이가 소외되는 상황이 싫어 큰딸에게 동생도 같이 놀 수 있게 해달라고 부탁하곤 한다.

여기서는 프란츠와 안톤 부부가 큰딸에게 방문을 열라고 하는 것이 아이의 사회성과 공감 능력을 기르는 데 도움이 되는 것인지 생각해 보아야 한다. 그 답은 물론 '아니요'다. 그 상황은 큰 아이들이 자발적으로 원한 것이 아니고 부모님에게 혼이 날까 봐 무서워서 한 것일 뿐이다. 이런 갈등 상황에서는 다음과 같이 평화롭게 대응하는 편이 낫다.

프란츠와 안톤은 큰딸과 이웃 아이에게 방에서 자유롭게 행동할 자유를 주고, 동시에 작은아이의 좌절과 슬픔을 사랑으로 보듬어줘야 한다. 프란츠와 안톤이 작은아이에게 충분히 공감하며 직접 놀아주는 것이다. 그리고 큰딸의 방문이 열렸을 때 부부 중 한 명이 큰딸과 대화를 시도할 수 있는데, 이때도 먼저 공감으로 대화를 시작해야 한다. "얘들아, 방에서 둘이 정말 재미있게 놀았니? 너희가 무엇을 하고 놀지 스스로 결정할 수 있어서 정말 신났을 거야. 그런데 얘들아, 동생은 너희랑 같이 놀 수 없어 아주 슬퍼했어. 동생은 너희랑 노는 것을 아주 좋아하는데 잠깐 동생이랑 놀아줄 수 있니?"

이때 큰 아이들이 싫다고 거절해도 괜찮다. 왜냐하면 좌절한 동생의 감정을 보듬어주는 것, 또 작은아이와 함께 놀아주는 것 등 아이의 욕구를 채우는 일은 부모의 일이기 때문이다.

프란츠와 안톤이 이 상황에서 선택할 수 있는 또 다른 해결법은 작은딸이 놀이와 재미에 대한 욕구를 채울 수 있도록 다른 친구를 집으로 초대하는 것이다. 이때 누가 누구와 함께 노는지를 분명히 하기 위해 부부가 약간의 도움을 줄 수 있다. 이때 초대할 아이는 어린아이들과도 노는 것을 좋아하는, 둘째보다는 조금 더 나이가 많은 아이면 좋다. 어린아이들은 큰 아이들과 함께 놀면서 배우거나 그들의 지시에 따르는 것을 좋아하는 경우가 많기 때문이다. 돌봄 욕구가 강해 자신보다 어린 친구들과 노는 것을 유독 좋아하는 아이도 많다. 이는 가장 바람직한 상황으로 더 어린 아이에게는 발달 욕구를, 큰 아이에게는 돌봄 욕구를 채워주며 두 아이 모두 놀이와 재미에 대한 욕구를 동시에 채울 수 있다.

형제자매간 사이의 갈등을 해결하는 데 참고할 만한 여러 표현을 소개한다. 아이들이 갈등 상황을 겪을 때 이를 참고해 활용해 보자.

"엄마 아빠는 너희 두 사람 말을 다 듣고 있어. 네가 원하는 것은 ○○고 네가 원하는 것은 △△인 거지? 그럼 우리 함께 해결 방법을 찾아보자. 어떻게 할 수 있을까?"

"우리 일단 숨을 크게 쉬고 모두 서로의 말을 들을 때까지 잠시 기다리자. 그러면 ○○부터 이야기해 볼까? 엄마 아빠가 잘 들어 볼게."

"너는 ○○와 의견이 다르구나. 괜찮아. 우리 다 같이 만족할 수 있는 해결 방법을 찾아보자."

🌿 **날개를 달아주는 말**

나는 아이들이 자신의 경계선을 지키도록 돕는다.
나는 아이들의 감정과 욕구에 대한 책임이 있다.

> 나는 아이들이 평화로운 해결책을 찾을 수
> 있도록 도울 책임이 있다.
> 모든 갈등에는 평화로운 해결 방법이 있다.
> 나는 두 아이가 싸우는 모습을 통해 아이들에게
> 어떤 욕구가 있는지 살필 수 있다.

가족회의를 진행하는 것도 좋다. 아이가 어느 정도 성장했다면 정기적인 가족회의를 통해 가족 내 갈등에 대해 이야기하고, 함께 해결 방안을 찾아보는 것이다.

"집안일을 할 때마다 다툼이 일어나지? 엄마 아빠는 그럴 때마다 너무 속상해. 엄마 아빠는 가족이 다같이 조화롭게 지내는 것을 매우 중요하게 생각하거든. 우리가 이 상황을 해결하려면 어떻게 해야 할까?"

양치를 할 때마다
매순간이 전쟁이에요

이를 닦기 싫어하는 아이에 대한 고민은 상담에서 가장 자주 등장하는 단골 주제다. 이를 닦는 것은 아이의 신체 건강과 관련이 있는 일이지만 이때 필요한 전략은 힘을 써서 대신 해주는 것이 아니다. 반드시 양치질을 해야 한다는 것을 아이에게 분명히 알려주고, 아이의 마음에 공감하고, 모두가 만족할 수 있는 타협점을 찾으려는 부모의 의지가 중요하다.

반드시 이를 닦아야 한다는 것을 아이에게 분명히 알려주기 전에, 양치질을 할 때 나에게는 어떤 마음이 드는지 살펴보자. 어린 시절 양치질을 할 때마다 부모님이 나의 의견을 무시했는가? 혹은 '나도 어렸을 때 다 경험한 일이니 이제 너도 겪어야지'라는 태도로 아이들에게 행동하고 있지는 않았는가?

양치질은 힘을 써서 대신 해주어야 하는 일 목록에 결코 포함될 수 없다. 아이가 원하지 않는데도 아이의 입에 억지로 칫솔을 넣는 것은 아이의 신체를 보호하는 경계선을 넘는 일이자 폭력이기 때문이다. 이것은 질병이 있는 경우나 아이에게 반드시 필요한 약을 먹여야 하는 경우, 아이의 건강에 위험이 있는 경우와는 다르다. 아이가 열이 심하게 나거나 아플 때 온도계로 열을 재고 좌약을 넣는 것은 그렇게 하지 않으면 아이의 건강이 위험해질 수 있기 때문에 반드시 필요한 일이다. 하지만 아이가 양치질을 몇 번 빼먹었다고 해서 생명이 위험해지지는 않는다.

이를 잘 닦지 않아서 이미 치아가 많이 상한 경우에도 힘을 써서 대신 해주기보다는 먼저 교육 전문가의 조언을 들어보는 것이 좋다. 경험상 힘을 써서 대신 해주는 방법이 아니더라도 얼마든지 평화로운 해결책을 찾을 수 있다.

양치질을 거부하는 아이들의 부모는 매일 반복되는 갈등 상황에 힘들고 지친 상태다. 그래서 가끔은 그냥 아이를 꽉 안고 칫솔을 입에 넣어 빠르게 상황을 해결하고 싶다는 생각이 들기도 한다. 하지만 이는 부모의 권력을 남용하는 것이자 아이의 경계선을 침범하는 것이기 때문에 생각만으로도 기분이 좋지 않다.

부모는 자기 행동에 확신이 있어야 한다. 왜 이를 닦는 것이 그렇게 중요할까? 부모로서 나의 책임은 무엇일까? 우리에겐 아이를 건강하게 보호해야 하는 책임이 있다. 그러면 아이는 이를 닦기 싫다는 말로 부모에게 무엇을 표현하려는 걸까? 구체적인 전략을 세우기 전에 우선 아이가 협조하도록 만들기 위해서 정확히 무엇이 필요한지 파악하자. 무엇이 필요한지는 상황에 따라서 매우 다양하다. 지금부터는 상담에서 다루었던 사례를 통해서 이러한 상황을 해결할 방안에 대해 구체적으로 알아보자.

상담 사례 ···

멜라니와 타냐의 세 살배기 딸은 절대로 이를 닦지 않으려고 한다. 저녁마다 아이가 이를 닦아야 할 시간이 다가오면 두 사람은 식은땀이 절로 나는데, 아이를 붙잡거나 억지로 이를 닦이고 싶지는 않기 때문이다.

멜라니와 타냐는 아이에게 양치질을 시키는 상황에 이미 매우 스트레스를 받고 있다. 이런 상황에서는 이를 닦기 전 준비 단계로 각자 자신의 내면아이와 대화를 하거나, 스스로 긴장을 풀 전략을 찾는 것이 도움이 된다.

그다음, 아이가 이를 닦게 하려면 무엇이 필요한지를 살펴본다. 어쩌면 아이는 자율성 욕구 때문에 언제, 어디서, 어떻게, 어떤 치약과 칫솔을 사용해서 이를 닦을 것인지를 스스로 결정하고 싶어 하는 것일 수도 있다. 이때는 아이의 나이에 맞춰서 결정권을 줄 다양한 방법을 생각해 본다. 다만 아이가 결정에 참여할 때 중요한 것은 아이에게 부담을 주지 않는 것이다. 어쩌면 아이는 이를 닦는 것이 무서워서 이를 닦는 행위에도 자신이 안전하며, 아무 일도 일어나지 않을 것이라는 확신이 필요할 수도 있다. 이때는 이를 닦을 때 아이가 받아들일 수 있고 안전하다고 느낄 방법이 필요하다.

양치질을 더 수월하게 진행할 수 있는 첫 번째 대응 방법으로는 아이의 자율성 욕구를 채워주는 것이다. 아이용 칫솔을 두 개 준비하거나, 여러 맛의 치약을 준비해 아이가 스스로 선택하게 하는 것이다. 이를 닦는 장소나 방식을 스스로 고르게 할 수도 있다. 혹은 부모가 양치질을 할 때 웃긴 옷을 입어서 이를 닦는 동시에 놀이와 재미에 대한 욕구도 함께 채워줄 수 있다.

평화로운 양치질을 위한 두 번째 대안은 안정감을 제공하는 것이다. 아이가 이를 닦기 싫어하는 이유가 이를 닦을 때 아프거나 치약 맛이 이상하다고 느끼기 때문이라면 더 부드러운 칫솔이나 새로운 치약이 필요하다. 아니면 이를 닦기 전에 아이 몸을 부드럽게 마사지해 주거나 서로 껴안는 시간을 가지면서 스킨십이나 애정에 대한 욕구를 채울 수도 있다.

세 번째 대응 방법은 상황을 더 가볍게 만드는 것이다. 어쩌면 아이에게도 부모와 양치질을 두고 씨름하는 상황이 너무 무거웠을 수 있다. 이때는 칫솔을 마이크인 척하며 함께 놀거나 이를 닦기 전 동물 놀이를 하며 재미와 놀이에 대한 욕구를 채워주자. 아니면 아이가 욕실에 가는 일을 더 편안하게 느끼고 부모의 애정을 느낄 수 있도록 아이를 담요에 감싼 뒤 양탄자 놀이를 하면서 거실에서 욕실로 날아가며 이동하는 것도 도움이 될 수 있다.

아이와 양치질을 할 때는 부모 스스로 아이가 이를 닦아야 하는 이유를 분명히 알고 확신을 갖고 행동하는 것이 중요하다. 아래 소개하는 내용은 이때 활용할 수 있는 여러 표현이다. 이 중 마음에 드는 것을 골라 비슷한 상황에서 활용해 보자.

"엄마 아빠랑 같이 이 닦자. 엄마 아빠가 도와줄게."
"우리 같이 할 수 있어!"
"엄마 아빠가 같이 있어줄게. 이제 이가 깨끗해진다!"
"엄마 아빠는 네가 이를 깨끗이 닦게 할 책임이 있어. 이제 이를 닦자."

🌱 **날개를 달아주는 말**

나는 아이의 건강에 대한 책임이 있다.
나는 아이의 몸을 건강하게 지켜줄 것이다.
나는 아이의 건강을 돌본다.

아직 체력적으로 여력이 있을 때 아이의 양치를 진행하는 것이 좋다. 반드시 하루에 세 번 닦을 필요는 없고, 아침과 오후에 한 번씩 닦는 것도 괜찮다. 이때 한 번은 엄마 아빠가 양치질을 도와주고 다른 한 번은 아이가 온전히 혼자서 닦아볼 수도 있다. 아니면 칫솔질

없이 치약으로만 입을 헹구게 할 수도 있다.

엄마 아빠 중 더 기운이 있고 마음이 안정적인 사람이 양치질을 담당하는 것이 좋은데 이를 닦을 때는 아이와의 힘겨루기가 자주 일어나기 때문이다. 아이는 부모의 긴장 상태를 무척 빠르게 알아챈다. 그리고 그렇게 불안한 상황에서는 아이가 이 닦는 것을 더욱 심하게 거부하고 부모와의 애착을 확인하는 데 더 신경을 쓸 수 있다는 점을 기억하자.

일상에서 겪는 어떠한 갈등도
우리는 모두 잘 해결할 수 있다

지금부터 다루는 모든 갈등 상황에서는 공감하는 마음을 갖는 것이 가장 중요하다. 이는 맨 앞에서 확인했던 러빙 리더십의 여섯 가지 전략을 표현한 그림에서도 확인할 수 있다. 이를 위해서는 아이와의 갈등이 생겼을 때 가장 먼저 이 상황에서 나와 나의 내면아이가 어떻게 느끼는지를 살피고, 어떻게 하면 내면아이를 진정시켜 평온한 마음으로 되돌아갈 수 있을지 생각해야 한다. 내가 왜 이 행동을 하는지에 대한 분명한 이유를 찾는 것이다. 그러고 나면 아이의 행동과 마음에 공감하면서도 단호한 마음가짐으로 행동할 수 있다. 그다음 아이에게 어떤 욕구가 충족되지 않아서 이런 행동을 하는지 살피는 것이다. 지금부터는 다양한 갈등 상황과 이에 대응하는 방식을 알아보자.

아이가 골라준 옷을 입지 않으려 해요

이 상황은 보통 아이의 자율성과 관련이 있고, 거의 대부분 힘을 써서 대신 해줄 이유가 없을 때가 많다. 아이가 무엇을 입을지는 아이가 스스로 결정해도 된다. 부모가 할 일은 아이가 입을 옷이 날씨에 잘 맞고, 아이가 더위나 추위를 타는 정도에도 알맞아 아이의 건강을 해치는 일이 없도록 하는 것이다. 예민한 아이들은 옷의 솔기에도 불편함을 느끼거나 아프다고 할 수 있다. 그래서 옷 입기를 거부하는 것이다. 이때는 아이의 불편함을 해소할 방법이 무엇인지 생각해 보자.

씻거나 머리 감는 일을 극도로 싫어해요

아이의 머리를 감길 때 엄마 아빠는 '원래 다 이렇게 하는 거야. 머리는 꼭 감아야지'라는 생각을 가지는 경우가 많다. 하지만 이 또한 결국 아이의 신체와 관련한 문제이기 때문에 아이가 머리를 감을 준비가 되었는지 스스로 결정하도록 해야 한다. 왜냐하면 사실 머리카락은 손이나 생식기 같은 부위와 비교했을 때 건강을 직접적으로 위협할 만한 요소는 아니기 때문이다.

아이가 머리 감을 마음의 준비가 되지 않았다면 아이 곁에 머물러 아이와 계속 소통하며 함께 거울로 머리카락을 살펴보거나, 머리를 빗겨주거나 고무줄로 머리를 묶어줄 때 아파하지는 않는지 살펴본다. 이런 행동은 모두 아이 머리를 감길 때 분명 도움이 된다. 그 과정에서 아이는 서서히 자기만의 리듬을 찾고 자발적으로 머리를 감는 법을 배우기 때문이다.

손이나 생식기 부위를 씻는 것은 아이의 신체적 건강을 유지하는 데에 아주 중요하기 때문에 이 부분의 청결을 유지하기 위해서는 이를 닦는 것과 마찬가지로 부모가 마음에 확신을 가지고 러빙 리더십으로 아이를 이끌어주어야 한다.

잠옷을 입고 밖으로 나가려 해요

이러한 상황에서는 아이에게 자유롭게 행동할 수 있는 여지를 주고 직접 경험하게끔 놔둬도 괜찮다. 특히 아이가 계절에 맞는 따뜻한 옷차림이라면 실험을 진행한다는 생각으로 아이의 뜻에 따라보자.

이때도 아이와 계속 대화를 하면서 아이가 다른 사람들의 마음에 공감하는 연습을 할 수 있도록 안내하는 것이 좋다. 다른 아이나 선생님이 아이의 행동에 부정적인 반응을 보였다면 "사람들이 왜 그렇게 반응했을까? 너는 어떻게 생각하니?"와 같은 질문을 던질 수도 있다. 여기서 중요한 것은 아이의 자존감을 키워주는 것, 그리고 아이에게 자기가 좋아하고 편안하게 느끼는 옷을 입어도 괜찮다는 것을 가르쳐주는 것이다.

다만 아이가 놀림을 당하지 않도록 보호하고, 옷 때문에 아이가 놀이에 끼지 못하는 일이 발생하지 않도록 적절한 시기에 해결책을 찾아야 한다. 아이가 유치원이나 학교에 다녀온 다음에 잠옷을 입고 다녀온 기분이 어땠는지를 물어보고, 아이가 어떤 반응을 접했는지에 주목한다.

아무것도 먹지 않으려 해요

아무리 부모와 자식 관계라고 해도 다른 사람에게 음식을 먹으라고 강요할 수는 없다. 그래서 이 문제에서만큼은 그 무엇보다 아이에게 공감하는 마음과 아이를 도우려는 의지가 있어야 한다. 아이가 식사를 하기 위해 무엇이 필요한지 면밀히 알아보고, 음식을 먹는 문제에 대해 아이와 타협점을 찾고, 음식을 먹는 것이 즐겁고 편안하다는 것을 보여주도록 하자.

식탁에 차려진 음식은 뭐든 먹지 않아요

아이에게 여러 가지 음식 중에서 원하는 것을 고를 선택권과 자유를 주자. 여기서는 아이의 부모로서 식탁에 어떤 음식이 올라올 것인지를 결정하는 결단력이 필요하다. 아이들이 커갈수록 이 결정 과정에 더 많이 참여할 수 있는데, 아이와 함께 간단한 일주일치 식단 계획을 세우는 것도 좋다. 부모는 식탁에 어떤 재료가 오르는지를 결정하고, 아이는 그중 무엇을 얼마나 많이 먹고 싶은지를 결정한다.

어른들이 대화할 때마다 자꾸만 끼어들어요

아이들은 아직 완전히 성숙한 존재가 아니기 때문에 가만히 기다리거나 다른 사람이 말을 끝낼 때까지 기다리는 것을 힘들어하는 경우가 종종 있다. 아이들은 충동에 따라서 행동하며 그렇게 다른 사람이 나의 말을 들어주었으면 하는 욕구를 채우는 것이다. 그러니 아이가 말을 끊거나 끼어드는 상황에서 아이에게 너무 많은 것을 기대하는 것은 적절치 않다.

이때는 무엇보다도 아이에게 모범을 보이고 아이의 말을 적극적으로 들어주는 것이 좋다. 사실 아이들도 말을 할 때 부모가 끼어들거나 말을 끊는 것을 자주 경험한다. 그러니 만약 아이가 대화 중간에 끼어들었다면 우선 아이에게 미안하다고 사과를 한 뒤, 사랑을 담아 분명하게 선을 그어야 한다. 진행 중이던 대화를 계속 이어가고 싶다면 얘기가 다 끝날 때까지 아이가 할 수 있는 다른 활동을 찾아줄 수도 있다. 혹은 아이와 타협을 진행할 수도 있다. "급하게 하고 싶은 말이 있나 보구나. 그런데 엄마 아빠는 지금 네 말을 들은 다음 ○○와 조용히 이야기를 이어갈 거야. 그동안 너는 장난감을 갖고서 놀고 있으렴." 그런 다음 대화를 짧게 끝내 아이에게 신뢰를 주도록 노력하자.

지금까지 아이들과 겪는 갈등을 해결하기 위한 아주 다양한 전략을 알아보았다. 중요한 점은 아이들과의 갈등을 해결하는 데 부모의 권력을 사용할 필요가 전혀 없으며, 때로는 시간이 걸리더라도 아이와 함께 평화로운 해결 방법을 찾아야 한다는 것이다. 이때 "우리는 함께 해결 방법을 찾을 수 있어!", "엄마 아빠가 네 말을 듣고, 너와 함께 할게!"와 같은 생각을 아이에게 전하는 것도 크게 도움이 된다.

앞에서 살펴본 일상에서 아이와 자주 겪게 되는 이 모든 갈등 상황 속에서 아이와 함께 성장하고, 나의 감정을 진정성 있게 표현하는 법을 배울 수 있다. 아이는 아주 섬세한 안테나와 같아서 부모의 감정을 감지할 수 있기 때문에, 우리가 마음 깊은 곳에서 느끼는 감정을 아이에게 보여주면 아이와 함께 갈등 상황을 해결하기가 더 수월해진다.

이제 펜을 들고 앉아서 지금까지 배운 내용을 얼마나 내 것으로 만들었는지 확인해 보자. 다양한 연습문제를 통해 우리는 진정으로 러빙 리더십을 체화하고 사랑스러운 나의 아이와 더 건강한 관계를 만들어나갈 수 있을 것이다.

우리 아이와 함께
일상에서 러빙 리더십 실천하기

꙳꙳꙳꙳ ꙳꙳꙳꙳

지금부터는 연습과 간단한 테스트를 통해 그동안 배운 러빙 리더십을 단순히 아는 데 그치지 않고, 직관과 행동으로 실천해 나갈 수 있도록 안내한다. 더불어 지금까지 다룬 러빙 리더십의 여섯 가지 전략을 찬찬히 훑어볼 것이다.

본격적으로 시작하기 전, 러빙 리더십의 여섯 가지 전략을 소개하는 그림을 다시 떠올려 보자. 이 그림에서 러빙 리더십의 여섯 가지 전략은 서로 연결되어 있고, 사랑과 확신으로 가득한 마음가짐이 모든 전략의 기반이 된다는 것을 확인했다. 이는 다시 말해 우리의 마음가짐이 러빙 리더십을 실천하는 데 가장 중요한 요소라는 것이다.

이 여섯 가지 전략 중 부모가 정한 기준 안에서 아이에게 자율성을 선사하는 전략은 가장 큰 부분을 차지하는데, 이는 아이와 함께하는 일상에서 아이의 자율성 욕구를 채워줄 수 있는 상황이 아주 많기 때문이다. 우리는 일정한 기준을 정한 다음 아이가 그 테두리 안에서 자유롭게 행동하도록 할 수 있다. 반대로 힘을 써서 보호하거나 힘을 써서 대신 해주기 전략을 사용해야 하는 상황은 그보다 훨씬 작다. 특히 힘을 써서 아이를 보호해야 하는 상황은 아이가 자라면서 점점 사용 빈도가 줄어들며 아이가 완전히 성장한 다음에는 아예 사용할 필요가 없어진다. 그에 비해 방패 세우기는 좀 더 필요한 상황이 많다. 가정에서의 위계질서 역시 계속 이어지지만, 아이가 발달하고 성숙해지면서 그 또한 계속 달라진다.

러빙 리더십의 여섯 가지 전략 한눈에 살펴보기

1. 마음의 확신 가지기

- 나는 어린 시절에 했던 경험이 나에게 어떤 의미인지 잘 안다.
- 나는 지금 나의 욕구 중 무엇이 채워지지 않았는지를 느끼고 그 욕구를 돌봐서 나 자신도 러빙 리더십으로 이끌 수 있다.
- 나는 아이를 교육할 때 내 행동의 이유를 확실히 알고 있다.

2. 방패 세우기

- 나는 나의 경계선을 지키기 위해 행동한다.
- 나는 아이의 경계선을 지키기 위해 행동한다.
- 나는 나와 아이의 정서적 건강, 경계선, 보호에 대한 욕구를 채운다.

3. 힘을 써서 보호하기

- 나는 아이의 생명을 위협하는 것으로부터 아이를 보호하기 위해 행동한다.
- 나는 힘을 써서 아이를 보호할 때와 그 후에 아이의 마음에 공감한다.
- 나는 분명하고, 자신감 있고, 설득력 있고, 단호하게 행동한다.

4. 힘을 써서 대신 해주기

- 나는 아이가 아직 어려 자신이 하는 행동의 결과를 예상하지 못하는 상황에서 부모로서 개입해 아이에게 필요한 것을 대신 채워준다.
- 힘을 쓰기 전에 먼저 아이의 마음에 공감해 아이가 자발적으로 협조하도록 하고, 아이가 협조할 수 없을 때만 힘을 써서 대신 해준다.
- 힘을 써서 아이가 할 일을 대신 해주는 동안 항상 아이에게 공감하는 마음을 가지고, 가능한 한 최소한만 개입한다.

5. 수평적 위계질서 세우기

- 나는 부모로서 가장 역할을 맡아 모든 가족 구성원에게 각자의 역할과 자리를 주고, 이를 통해 안정감과 행동할 방향을 제공한다.
- 너무 많은 질문을 하는 대신 아이가 어떻게 행동할지 방향을 알려준다.
- 아이는 나이가 어려도 똑같이 존중받고 가치 있는 사람이지만, 그것이 모든 것의 평등을 의미하는 것은 아니다.

6. 자율성 키우기

- 나는 부모로서 내가 결정한 범위 안에서 아이가 자유롭게 행동할 수 있도록 아이에게 자율권을 준다.
- 나는 아이의 생각과 직접 해보려고 하는 의지를 진지하게 받아들인다.
- 나는 아이와 함께 평화로운 해결 방법을 찾아볼 마음의 준비가 되어 있다.

♨ 마음의 확신 가지기

나의 마음은 나의 행동에 대한 확신, 나와 아이를 비롯한 다른 사람들에 대한 사랑과 공감으로 가득하다.

다음 사례를 통해 마음의 확신과 함께 러빙 리더십을 실천하기 위한 3단계를 익히고 이를 더 잘 실천할 수 있다.

첫 번째 연습: 나의 잘못된 생각을 알고 바꾸기

2장에서 아이를 돌볼 때 나의 마음에 어떤 부담이 있는지 예시 문장을 통해 알아보았다. 그중에서 특히 나의 마음을 불편하게 만드는 생각이 있었을 수도 있다. 만약 그랬다면 그 생각을 종이에 적은 다음 태워서 날려버리자.

그다음에 그 생각을 긍정적인 생각으로 바꾸어서 마음속에 저장한다. 새로 만든 생각을 종이에 크게 적어서 자주 다니는 곳에 걸어두는 것도 좋다.

나의 새로운 문장:

_____

_____

나는 소중한 사람이다, 나는 사랑받고 있다, 나는 충분히 괜찮다, 실수해도 괜찮다, 나는 중요한 사람이다, 나는 보호받고 있다 등.

어린 시절에 채워지지 않은 욕구가 있는지, 지금 부모 역할을 하느라 미처 돌아보지 못한 욕구가 무엇인지 아는 것도 중요하다. 나를 알아가는 과정을 통해 일상에서 사랑을 담아 스스로를 소중하게 돌볼 뿐만 아니라 분명한 마음의 확신과 함께 아이를 대할 수 있다. 이 연습은 계속해서 내 마음의 약점을 극복하는 과정인 셈이다. 우리가 체력을 키우기 위해 쉬는 시간에 요가 매트 위에 앉는 것처럼, 의식적으로 이러한 생각을 연습해 보자.

이는 피해의식에서 벗어나 스스로를 더 잘 돌보고, 모든 사람의 마음에 들기 위해 노력하는 대신 나의 의견을 분명하게 말하는 것처럼 나만의 안전지대에서 한 발짝 벗어나려는 노력이기도 하다. 마음가짐을 바꾸려면 행동이 변해야 한다. 오래되어 이미 굳어진 행동을 바꾸는 것은 쉽지 않은 일이다. 그 극복 과정에서 겪는 '성장통' 역시 자연스러운 일임을 받아들이자.

두 번째 연습: 나에게 가장 필요한 것 채우기

지금 이 순간 나에게 가장 필요한 것이 무엇인지를 적고, 이 욕구를 채우기 위해서 필요한 전략을 세 가지 적어 보자.

TIP) 나에게 어떤 욕구가 있는지 잘 모르겠다면, 2장 49쪽의 내용을 읽어보면서 다시 한번 생각해 보자.

나의 충족되지 않은 욕구:

_____

_____

나의 전략 세 가지:

❶ _____

❷ _____

❸ _____

이런 식으로 계속해서 나에게 어떤 욕구가 있는지 알아보고 그것을 채우는 연습을 하다 보면 마음가짐이 더욱 단단해진다. 또 아이의 욕구를 채우는 동시에 부모의 육아관에도 잘 맞는 또렷한 육아목표를 세울 수 있다. 이 새로운 마음가짐은 나와 내 아이뿐 아니라 주변의 모든 사람들에 대한 사랑과 공감으로 가득한 마음이다.

그런데 새로운 마음가짐을 아무리 연습한다 해도 오래된 행동은 계속해서 다시 나타나기 쉽다. 하지만 이는 누구나 마찬가지이니 너무 걱정하지 않아도 된다. 그리고 바로 그것이 우리가 계속해서 마음의 확신을 찾으려 노력해야 하는 이유이기도 하다. 만약 지금 나에게 러빙 리더십이 필요한지 잘 모르겠다면, 다음과 같은 질문을 스스로에게 해보자.

◆ 나는 돌봄, 보호, 안전에 대한 나의 욕구를 잘 돌보고 있는가?
◆ 나는 돌봄, 보호, 안전에 대한 나의 욕구를 돌보는 동시에 아이의 다른 욕구들도 잘 살피고 있는가?
◆ 나는 돌봄, 보호, 안전에 대한 우리 가족과 주변의 욕구를 잘 살피고 있는가?
◆ 나는 아이를 훈육할 때 아이를 사랑하는 마음으로 행동하는가?

세 번째 연습: 마음에 확신을 가지고 유지하기

육아를 하다 보면 반복적으로 마주하는 갈등 상황이 있다. 이런 상황을 러빙 리더십을 통해 더 현명하게 해결할 수 있을지 생각해 보자. 그리고 바로 위에서 소개된 네 가지 질문에 모두 분명하게 '그렇다'라고 대답할 수 있는지 생각해 보자. 그럴 수 있다면 나의 마음에 확신을 준 감정이 무엇이었는지 세 가지 정도 적어보자.

❶ _____

❷ _____

❸ _____

안정감, 여유로움, 명확함, 차분함 등.

다음 중 내가 마음의 확신을 갖는 데 도움이 될 것 같은 말을 골라
보자.

☐ 엄마 아빠가 너를 위해 해낼게!

☐ 나는 옳은 일을 하고 있어!

☐ 엄마 아빠가 네 곁에 있어 줄게.

☐ 엄마 아빠가 너를 도와줄게.

☐ 엄마 아빠는 네 편이야.

☐ 나는 내가 행동하는 이유를 안다.

☐ 나는 해낼 수 있다.

러빙 리더십을 위해 마음의 확신을 찾아가는 과정에 조급함은 금
물이다. 때로는 조금 주춤하거나 마음이 흐트러질 때도 있다. 중요한
것은 되돌아가지 않는 것이다. 또 비록 지금 나의 마음이 사랑과 공
감으로 가득 차 있지 않다고 해도, 나를 탓하기보다는 내 마음에 집
중하고 확신을 가지려고 노력하자.

아이를 대할 때 인내심을 잃고 아이와의 애착이 약해진 경우에도
곧바로 나의 마음이 사실은 아이에 대한 사랑으로 가득하다는 것을
떠올리자. 그리고 아이를 꼭 껴안아 주거나 방금 했던 행동을 후회하
는 모습을 아이에게 솔직하게 보여주어서 엄마 아빠가 항상 곁에 있
다는 것을 느낄 수 있도록 한다.

나의 마음이 나와 아이, 주변 사람들에 대한 사랑으로 가득한 상

태를 하나의 시각적인 이미지로 만들어서 상상하는 것도 마음의 확신을 금방 되찾는 데 도움이 될 수 있다. 예를 들어 내 마음 안에 문이 있고 내가 그 문을 아이에게 열어줄 때 밝고 따뜻한 빛이 새어 나온다고 상상하는 것이다. 이 방법은 특히 아이와 갈등을 겪고 있는 상황에서 내 마음이 아이에 대한 사랑으로 가득하다는 것을 다시 떠올리고 아이의 마음에 공감할 수 있는 상태로 빠르게 되돌아오는 데 도움이 된다.

이러한 마음가짐으로 아이를 대하면 아이가 느끼는 감정을 평가하지 않고 있는 그대로 받아들일 수 있으며, 아이의 욕구가 충족되지 않은 상태일 때는 물론이고 충족된 상태일 때도 아이의 생각과 감정을 그대로 마주하고 받아들일 수 있다. 그리고 이를 통해 나와 아이의 감정 모두 덜 중요하다고 생각하거나 무시하지 않을 수 있다.

모든 감정은 정당한 것이다. 그리고 우리는 불편한 감정이 들어도 해결할 수 있다는 것을 알기 때문에 감정이 격해지지 않을 수 있다.

네 번째 연습: 확신에 찬 마음을 시각적으로 상상해 보기

아이에 대한 사랑과 공감으로 가득한 마음을 눈으로 직접 본다면 어떤 모습일지 상상해 보자. 아래 질문은 확신에 찬 내 마음이 어떤 모습일지 떠올리는 데 도움이 될 수 있다.

• 내 마음에 확신이 있을 때 나는 어떤 자세를 하고 있을까?

_____

똑바로 서 있다, 팔을 벌리고 아이를 안아주려는 자세를 하고 있다, 어깨가 편안하게 내려가 있다, 꼿꼿한 자세를 하고 있다.

• 나는 어떤 표정을 짓고 있을까?

_____

부드러운 눈빛, 미소, 여유로운 표정.

• 어떤 색이나 이미지로 확신에 찬 마음을 시각화하고 싶은가?

_____

♛ 방패 세우기

방패 전략의 핵심은 나와 내 아이를 보호하는 방패가 될 수 있고, 나와 아이의 경계선을 보호할 능력이 있음을 아는 것이다. 다음 문제를 통해 내가 이 전략에 대해 얼마나 잘 알고 있는지 확인해 보자.

나는 방패 전략을 얼마나 잘 사용할 수 있을까?

다음 예시를 보며 내가 방패 전략을 통해 스스로를 안전하게 지키는 방법을 얼마나 잘 알고 있는지 알아보자. 아래 상황에서 부모가 할 수 있는 세 가지 예상 반응 중 어떤 것이 러빙 리더십에 알맞은 반응인지, 그리고 어떤 반응이 부모의 권력을 남용하는 것인지 구분해 보자.

- 아이가 나의 생식기 부위를 계속 만지고, 나는 점점 한계에 다다르고 있다.

🅐 "미쳤어? 손 떼!"
🅑 아이의 손을 잡고 "그만, 손 떼! 이건 엄마 아빠 몸이니까 물어보지 않고 만지면 안 돼!"
🅒 "네가 그렇게 만지면 엄마 아빠는 화가 나."

정답: B. 아이의 행동은 나의 신체적 경계선을 침범하는 것이다. 이런 상

황에서 러빙 리더십 전략에 따라 나의 선을 지키는 방법은 아이의 손을 잡고 다른 곳으로 향하게 하는 것이다.

• 이웃과의 대화 중 이웃이 아이의 머리를 쓰다듬으며 "착한 아이네!"라고 말한다.

Ⓐ 아이를 이웃의 손에서 떼어놓거나 이웃의 손을 막고 "우리 아이를 만나서 반가우셨나 봐요!"라고 말한다.
Ⓑ 그냥 내버려둔다.
Ⓒ "저기요, 제가 그쪽을 그렇게 막 만지면 좋겠어요?"

정답: A. 이웃의 행동은 아이의 신체적 경계선을 침범하는 것이고, 우리는 아이를 보호하기 위해 개입할 수 있다.

• 나의 어머니가 나에게 "너 그렇게 키우면 애 버릇 잘못 든다!"라고 말한다.

Ⓐ "애가 제대로 안 클까 봐 겁나?"라고 말한다.
Ⓑ 아무 말도 하지 않는다.
Ⓒ "나는 나의 방식대로 육아를 하는 거야. 아이가 독립적이지 않은 아이로 자랄까 봐 걱정하는 거지?"라고 말한다.

정답: C. 평가하는 상황에 대처하는 방법이다.

- 친구가 나에게 이렇게 말한다. "야, 무슨 질문을 그렇게 많이 해!"

Ⓐ "내 질문 때문에 부담이 돼서 잠깐 조용히 있고 싶은 거지?"
Ⓑ "너 되게 예민하다!"
Ⓒ '나는 나쁜 친구야!'라고 생각한다.

정답: A. 나의 행동을 조종하는 상황에 대처하는 방법이다.

- 아이 할아버지가 내가 있는 상황에서 아이에게 네 가지 질문을 연속으로 한다. "옷 입을래? 아이스크림 먹으러 갈까? 무슨 맛이 먹고 싶니? 그리고 놀이터에 가서 놀까?"

Ⓐ 가만히 있는다.
Ⓑ "질문 있으시면 그냥 한 번에 다 물어보세요"라고 한다.
Ⓒ "한 번에 하나씩만 물어봐주실래요? 지금 질문을 네 개 하셨는데, 아이와 시간을 보내시는 걸 즐거워하시는 게 느껴져서 저도 기뻐요"라고 한다.

정답: C. 너무 많은 질문으로 아이가 부담을 느낄 수 있는 상황에 대처하는 방법이다.

♛ 힘을 써서 보호하기

힘을 써서 아이를 보호하는 전략의 기본 개념은 위험한 상황에서 부모가 확신을 가지고 행동해 아이를 안전하게 지키는 것이다. 다음 문제를 보고 내가 이 전략에 대해 얼마나 잘 알고 있는지를 확인해 보자.

힘을 써서 보호하기 전략에 대해 내가 얼마나 잘 알고 있을까?

• 다음 중 힘을 써서 아이를 보호해야 하는 상황은?

1. 아이가 길거리로 뛰쳐나간다. ☐

2. 아이가 피곤한데도 잠을 자지 않고 계속 놀려고 한다. ☐

3. 아이가 뜨거운 인덕션을 만지려 한다. ☐

4. 아이가 추운 날씨에 외투를 입으려 하지 않는다. ☐

5. 아이가 화를 내며 의자를 넘어뜨린다. ☐

6. 아이가 수영장을 향해 달려간다. ☐

7. 아이가 콘센트나 가위에 손을 뻗는다. ☐

8. 아이가 자전거 헬멧을 쓰지 않으려고 한다. ☐

9. 아이가 다른 아이를 문다. ☐

10. 아이가 텔레비전을 계속 보려고 한다. ☐

11. 아이가 손톱을 깎지 못하게 한다. ☐

12. 아이가 스스로를 때리며 화를 낸다. ☐

13. 기저귀를 갈아야 하는데 아이가 이를 거부하며 다른 방으로 달려간다. ☐

14. 아이가 바닥에 머리를 세게 찧는다. ☐

15. 아이가 음식을 손에 들고 집을 뛰어다니다가 벽에 음식을 묻힌다. ☐

16. 아이가 슈퍼에서 물건을 들고 뛰어다닌다. ☐

17. 아이들이 서로 머리카락을 잡아당긴다. ☐

18. 아이가 선크림을 바르지 않으려고 한다. ☐

19. 아이가 식사를 하는 도중에 유아용 식탁 의자에서 일어서려고 한다. ☐

20. 아이가 아픈데 약을 먹지 않으려고 한다. ☐

21. 아이가 미끄럼틀에서 내려와서 가만히 앉아 있는데 다른 아이가 내려오고 있다. ☐

22. 아이들이 한 명씩 타야 한다는 규칙을 어기고 트램펄린에서 같이 뛰고 있다. ☐

23. 아이가 간식을 더 먹겠다고 조른다. ☐

24. 아이가 잠을 자지 않고 계속 깨어 있다. ☐

정답: 1, 3, 6, 7, 9, 12, 14, 17, 19, 21, 22

♥ 힘을 써서 대신 해주기

힘을 써서 대신 해주는 전략은 아이에게 필요한 것을 엄마 아빠의 힘으로 대신 해주는 것이다. 이 전략을 실천하기 위한 방법을 제대로 알고 있는지 다음 문제를 통해 확인해 보자.

대신 해주기 전략에 대해 내가 얼마나 알고 있을까?

• 다음 중 부모가 힘을 써서 대신 해주어야 하는 상황은?

1. 아이가 피곤한데도 잠을 자지 않고 계속 놀려고 한다. ☐

2. 아이가 부모가 입혀준 옷을 마음에 들어 하지 않는다. ☐

3. 아이가 아무것도 먹지 않으려고 한다. ☐

4. 아이가 추운 날씨에 외투를 입지 않으려고 한다. ☐

5. 아이가 화를 내며 의자를 넘어뜨린다. ☐

6. 아이가 자기 방 정리를 하지 않으려고 한다. ☐

7. 아이가 자전거 헬멧을 쓰지 않으려고 한다. ☐

8. 아이가 장난감을 독차지하고 싶어 한다. ☐

9. 아이가 텔레비전을 계속 보려고 한다. ☐

10. 아이가 손톱을 깎지 못하게 거부한다. ☐

11. 아이가 머리를 감는 것을 거부한다. ☐

12. 아이가 숙제를 하지 않으려 한다. ☐

13. 기저귀를 갈아야 하는데 아이가 싫다며 다른 방으로 달려간다. ☐

14. 아이가 이를 닦지 않으려 한다. ☐

15. 아이가 잠옷을 입고 외출하려 한다. ☐

16. 아이가 외출복을 입고 자고 싶다고 한다. ☐

17. 아이가 음식을 손에 들고 집을 뛰어다니다가 벽에 음식을 묻힌다. ☐

18. 아이가 화장실에 가지 않으려 한다. ☐

19. 아이가 슈퍼에서 물건을 들고 뛰어다닌다. ☐

20. 아이가 선크림을 바르지 않으려 한다. ☐

21. 아이가 약속한 것을 지키지 않는다. ☐

22. 아이가 아픈데 약을 먹지 않으려 한다. ☐

23. 아이가 코를 풀지 않으려 한다. ☐

24. 아이가 간식을 계속 더 먹으려 한다. ☐

25. 아이가 식탁에서 음식을 던진다. ☐

26. 아이가 잠을 자지 않고 계속 깨어 있다. ☐

정답: 1, 4, 5, 7, 9, 10, 13, 17, 19, 20, 22, 24, 26

✖ 힘을 써서 보호하기와
힘을 써서 대신 해주기를 동시에 사용하기

힘을 써서 보호하는 전략과 힘을 써서 대신 해주는 전략을 동시에 사용하는 상황에는 어떤 것들이 있는지 알아보자.

- 다음 중 힘을 써서 보호하는 전략과 힘을 써서 대신 해주는 전략을 함께 써야 하는 상황은?

1. 아이가 피곤한데도 잠을 자지 않고 계속 놀려고 한다. ☐

2. 아이가 길가로 뛰어나가려고 해서 꼭 안고 있는데, 손을 떼면 아이가 다시 달려갈 것 같다. ☐

3. 아이가 추운 날씨에 외투를 입지 않으려고한다. ☐

4. 아이가 식사를 하는 도중에 유아용 식탁의자에서 일어서려고 한다. ☐

5. 아이가 어린이용 자전거를 타고 길가로 달려가려고 해 부모가 자전거를 꽉 잡고 있는데, 자전거를 놓으면 아이가 다시 길가로 달려갈 것 같다. ☐

6. 아이들이 한 명씩 타야 한다는 규칙을 어기고 트램펄린에서 같이 뛰고 있다. ☐

7. 아이가 다른 아이의 머리카락을 잡아당기면서 전혀 놓으려 하

지 않는다.   □

8. 아이가 미끄럼틀에서 내려와서 가만히 앉아 있는데 다른 아이
   가 내려오고 있다.   □

9. 아이가 때리고, 밀치고, 소리를 지르고 문다.   □

10. 아이가 바닥에 머리를 세게 찧는다.   □

11. 아이가 물건을 부수거나 던진다.   □

12. 아이가 자기 방 정리를 하지 않으려고 한다.   □

13. 아이가 외출복을 입고 자고 싶다고 한다.   □

14. 아이가 화장실에 가지 않으려 한다.   □

정답: 힘을 써서 아이를 보호하고 아이에게 필요한 것을 대신 해주어야
하는 상황은 다음과 같다.

2, 5, 7, 9, 11

☙ 수평적 위계질서 세우기

가정 내 위계질서를 설정하는 것은 우리가 어떻게 행동해야 하는지, 그리고 넘지 말아야 할 경계선이 어디인지를 알려준다. 가정에서의 위계질서가 왜 중요한지, 그리고 위계질서가 어떻게 가족이 분명하게 결정을 내리고 모든 가족 구성원들이 안정적으로 생활하는 데에 도움이 되는지를 알아보자.

가족 내 위계질서에 대해 얼마나 잘 알고 있을까?
누가 가장 먼저 해야 하는가?

	상황	누가 먼저?
1	가족이 함께 저녁 식사를 하고 있다. 아빠가 두 아이와 엄마에게 음식을 나눠준다. 누구에게 먼저 줘야 할까?	
2	아이 친구와 우리 아이가 모두 자전거를 타고 싶어 하는 상황이다. 그런데 자전거는 우리 아이의 것이다. 누가 먼저 타야 할까?	
3	아빠, 엄마, 두 아이로 이루어진 가족이 함께 아침 식사를 하는 중 모두에게 물을 따라주는 상황이다. 가장 먼저 식탁에 앉은 것은 제일 어린 막내 아이다. 누구에게 먼저 물을 주어야 할까?	

4	부모가 세 아이와 함께 아이스크림 가게에 갔다. 제일 어린 아이가 자기가 가장 먼저 아이스크림을 받고 싶다고 말한다. 누가 먼저 받아야 할까?	
5	엄마가 퇴근하고 집에 돌아오자 남편과 아이 둘 모두 엄마를 마중 나왔다. 누구를 가장 먼저 안아줘야 할까?	
6	엄마가 전화로 병원 예약을 하고 있다. 그런데 갑자기 4개월 된 아기가 배가 고파 울기 시작한다. 무엇을 먼저 해야 할까?	

정답: 1- 엄마, 2- 우리 아이, 3- 막내, 4- 막내, 5- 배우자, 6- 아기

☙ 자율성 키우기

아이의 자율성을 키우는 기본은, 결정은 부모가 내리고 어떻게 하는지는 아이가 자유롭게 정한다는 것이다. 우리가 일상에서 마주하는 상황에서 힘을 쓰는 전략이 필요한지, 아니면 부모가 정한 범위 안에서 아이들이 자율적으로 행동하게 하거나, 시간을 주거나, 아이와 함께 의논을 해야 하는지를 구분하고 알아보자.

나는 아이의 자율에 대해 얼마나 잘 알고 있을까?

다음 상황에서 힘을 써서 아이를 돌봐야 하는지, 아니면 아이에게 정해진 범위를 제시하고 그 안에서 자유롭게 행동하도록 해주어야 하는지를 골라보자. 상황과 나이에 따라 여러 전략을 동시에 사용할 수도 있다.

갈등 상황	힘을 사용하는 전략		정해진 범위 내 자율권 주기
	힘을 써서 보호하기	힘을 써서 대신 해주기	
1. 형제자매가 서로 때리면서 싸운다.			

2. 아이가 아침마다 유치원에 가기를 거부한다.			
3. 비가 오는 날 아이가 불편하다며 장화를 신지 않으려 한다.			
4. 손톱이 너무 길었는데 아이가 손톱을 깎지 않겠다고 한다.			
5. 아이가 일주일째 샤워를 하지 않고 있다.			
6. 아이가 식기건조대 그릇을 정리해야 하는데 서로 타협이 되지 않는다.			
7. 아이가 공을 잡으려고 길거리로 뛰어간다.			

정답: 힘을 써서 보호하기 - **1, 7**

힘을 써서 대신 하기 - **1, 4, 5**

정해진 범위 안에서 자율권을 주기 - **2, 3, 6**

에필로그

이 책이 탄생하는 과정에서 도움을 준 모든 분께 감사하다. 특히 우리를 도와주는 천사이자 따뜻한 마음을 가진 케르스틴 라인하르트의 무한한 노력에 진심으로 고맙다는 말을 하고 싶다. 창의적인 아이디어로 우리를 적극 지원해 준 유타 욘다에게도 감사의 말을 전한다. 편집 작업을 해준 슈테파니 뢰머에게도 고맙다.

우리가 이 책에 온 마음을 쏟을 수 있도록 너른 마음으로 이해해 준 가족과 친구들에게도 정말 감사하다는 말을 하고 싶다.

이 책을 통해 더 많은 이들이 러빙 리더십을 알고 실천할 수 있도록 책을 쓸 기회를 주신 벨츠 출판사의 카르멘 쾰츠와 카타리나 테름에게도 특별한 감사를 전하고 싶다.

무엇보다도 가정에서 겪은 여러 일을 우리에게 기꺼이 공유해 준 수많은 부모님들에게, 일상에서 러빙 리더십을 사용하는 방법을 설명하는 데 도움을 준 수많은 엄마들에게도 깊은 감사의 마음을 전한다. 모니, 자닌, 슈테파니, 린다, 율리아, 이본, 마그다, 니키, 율리아, 다니, 제인, 안케, 마리-헬렌, 모두 우리를 믿어줘서 감사합니다!

Becker-Stoll, Fabienne: *Bindung. Eine sichere Basis fürs Leben*(애착, 삶의 안정적인 기반). München, 2018

Dreyer, Rahel: *Eingewöhnung und Beziehungsaufbau in der Krippe*(유아기부터 습관과 관계 만들기). Freiburg, 2017

Gaschler, Gundi und Frank: *Ich will verstehen, was du wirklich brauchst*(나는 네게 정말로 필요한 것이 무엇인지 알고 싶어). Freiburg, 2020

Hahn, Britta: *Ich will anders, als du willst, Mama*(엄마, 내가 원하는 것은 엄마가 원하는 것과는 달라요). Freiburg, 2007

Hannig, Brigitte: *Bedarf und Bedürfnisse*(필요와 욕구). Frankfurt/M., 2020

Hannig, Brigitte: *Handeln statt Reden*(말이 아닌 행동으로). Frankfurt/M., 2015

Haug-Schabel, Gabriele, und Bensel, Joachim: *Grundlagen der Entwicklungspsychologie*(발달심리학 기초). Freiburg, 2017

Hormia, Armo: *Das Kind als Identifikationsobjekt seiner Eltern*(아이를 보면 부모가 보인다). Publ. online, 2010

Juul, Jasper: *Leitwölfe sein*(우두머리 늑대가 되는 것). Weinheim, 2016

Mol, Justine: *Aufwachsen in Vertrauen*(신뢰로 성장하다). Paderborn, 2008

Orth, Gottfried, und Fritz, Hilde: *Gewaltfreie Kommunikation in der Schule*(학교에서의 비폭력 대화). Paderborn, 2013

Rust, Serena: *Wenn die Giraffe mit dem Wolf tanzt*(기린이 늑대와 춤을 출 때). Dorfen, 2006

Siegel, Daniel J., und Payne Bryson, Tina: *Disziplin ohne Drama*(감정싸움 없이 규칙 만들기). Freiburg, 2020

Stotz, Martina: *Lieblingskinder in Familien. Eine empirische Studie zu emotionspsychologischen Bedingungen und Folgen elterlicher Bevorzugung von Geschwistern*(가족 중 가장 사랑받는 아이, 부모의 편애에 따른 정서심리학적 상태와 결과에 관한 실증적 연구). Diss. München, 2015

옮긴이 김지유

충남대학교에서 독어독문학을, 한국외국어대학교 통번역대학원에서 국제회의통역을 전공했다. 다수의 정부 기관과 기업에서 전문 통번역사로 일하다가 현재 독일에서 전문 통번역사로 활동 중이다. 출판번역에이전시 글로하나에서 인문, 소설을 중심으로 다양한 분야의 독일서를 리뷰, 번역하며 출판번역가로 활동하고 있다. 역서로는 기후 변화를 주제로 한 《핫타임》 외 《이별 뒤의 삶》《세상이 우리를 공주 취급해》 등이 있다.

나는 흔들리지 않는 부모로
살기로 했다

초판 1쇄 인쇄 2025년 1월 20일
초판 1쇄 발행 2025년 1월 31일

지은이 마르티나 슈토츠 박사, 카티 베버
옮긴이 김지유
펴낸이 김선식

부사장 김은영
콘텐츠사업본부장 박현미
책임편집 이한결 **책임마케터** 박태준
담당부서팀장 김민정 **담당부서** 김단비, 이한결, 남슬기
마케팅1팀 박태준, 권오권, 오서영, 문서희
미디어홍보본부장 정명찬 **브랜드홍보팀** 오수미, 서가을, 김은지, 이소영, 박장미, 박주현
채널홍보팀 김민정, 정세림, 고나연, 변승주, 홍수경
영상홍보팀 이수인, 염아라, 석찬미, 김혜원, 이지연
편집관리팀 조세현, 김호주, 백설희
재무관리팀 하미선, 임혜정, 이슬기, 김주영, 오지수
인사총무팀 강미숙, 이정환, 김혜진, 황종원
제작관리팀 이소현, 김소영, 김진경, 최완규, 이지우
물류관리팀 김형기, 김선진, 주정훈, 양문현, 채원석, 박재연, 이준희, 이민운
외부스태프 디자인 room501, 정윤경

펴낸곳 다산북스 **출판등록** 2005년 12월 23일 제313-2005-00277호
주소 경기도 파주시 회동길 490 다산북스 파주사옥
전화 02-704-1724 **팩스** 02-703-2219 **이메일** dasanbooks@dasanbooks.com
홈페이지 www.dasanbooks.com **블로그** blog.naver.com/dasan_books
종이 스마일몬스터피엔엠 **인쇄** (주)상지사피엔비 **코팅 및 후가공** 제이오엘앤피 **제본** (주)상지사피엔비
ISBN 979-11-306-6305-0 13590

다산북스(DASANBOOKS)는 독자 여러분의 책에 관한 아이디어와 원고 투고를 기쁜 마음으로 기다리고 있습니다. 책 출간을 원하는 아이디어가 있으신 분은 이메일 dasanbooks@dasanbooks.com 또는 다산북스 홈페이지 '투고원고'란으로 간단한 개요와 취지, 연락처 등을 보내 주세요. 머뭇거리지 말고 문을 두드리세요.